KB075743

힘 빼고 육아

엄마와 아이가 편안해지는 미니멀 양육법

힘 빼고 육아

신혜영 지음

유노 라이프

들어가며

힘을 뺐더니 육아가 편안해졌습니다

어느 날 밤이었다.

잠자리에 드는 녀석의 "엄마, 사랑해."라는 달콤한 고백을 듣고 나니 입가에 미소가 피어올랐다. 문득 아들에게 인정받고 싶은 욕구가 용수철처럼 목구멍 밖으로 튀어나왔다.

"아들, 세상에서 누가 제일 좋아?"

아들은 망설임 없이 대답했다.

"나는 내가 세상에서 제일 좋아."

일평생 자신을 위해 헌신한 나를 한순간 헌신짝으로 전락시켜 버린 순간이었다.

우문현답이란 이런 것이구나. 빨강 신호등 앞에 무방비로 서 있던 내 차를 뒤차가 심하게 들이받는 느낌이랄까? 그순간 모든 것이 급격히 어두워졌다가 확 밝아졌다.

'너는, 세상에서 너를 가장 사랑하는구나…….'

아들의 입에서 '엄마가 세상에서 제일 좋지.'라는 답이 나오길 내심 기대했는데……. 내 마음엔 먹구름이 끼고 동시에 미세 먼지 발령 주의보와 심각한 황사 경고마저 떴다.

아들은 쌕쌕거리며 이미 잠들었지만 나는 이러지도 저러지도 못한 채 시꺼먼 마음을 부여잡고, 불 꺼진 방 안 새까만 천장만 뚫어지게 째려보았다.

'너는 엄마 따윈 안중에 없고, 네가 젤 소중하다는 거지?'

그러다 한순간, 씩씩거렸던 마음이 스르륵 풀어졌다. 어깨 위에 앉아 있던 '엄마'라는 이름의 중압감이 체중 내려가듯 싸악 내려간 느낌이랄까? 그 순간 갑자기 홀가분해졌다. 그래도 되는 거구나. 세상에서 가장 소중한 사람을 나로 정해도 되는 거였어! 그게 당연한 거였는데 내 마음만 속상했구나.

억울함과 배신감에 사무쳐 내린 결론이 아니었다. 고작 10년도 채 살지 않은 아들도 아는 당연한 사실을 내 나이까지 몰랐다니. 스스로가 측은해져 침대로 스프링처럼 튀어 올라, 급격히 푸석해진 얼굴에 비타민 세럼을 톡톡톡 발랐다.

'이제부터 나도 좀 챙겨야겠어.'

그러면서 느낀 사실은 육아에도 힘 빼기가 필요하다는 거다. 16시간 몰려오는 진통을 맨몸으로 고스란히 흡수한 뒤 3.8킬로그램의 아들을 내 몸 밖으로 밀어냈을 때도 마찬가지였다. 힘을 주는 게 아니라 힘을 빼야 아이가 안전하게 세상으로 나올 수 있었다. 힘을 주는 순간은 아이의 머리가 내 골반 밖으로 빠져나왔을 때였다. 세상에서 가장 큰 똥을 누는 느낌으로 힘을 주었더니 정확하게 효력을 발휘했다. 나머지는 '후~ 후~ 후~~~' 하고 내뱉는 호흡이 최고였다. 라마즈 호흡법의 핵심은 호흡이 아니라, 호흡을 통해 내 몸이 긴장 상태에서 이완으로 넘어갈 수 있게 도와주는 거였다.

가빠지는 숨소리를 평온하게 만드는 긴 호흡은 16시간 동안의 출산 과정에서만 필요한 것이 아니었다. 엄마 속도 모르고 자기 자신을 가장 사랑한다고 당당하게 이야기하는 아들에게도 적용할 수 있었다. 엄마인 내가 내 인생의 주인공이니 당연히 나를 제일 사랑해야 한다고, 무심하게 내 속을 제 양말처럼 홱 뒤집어 놓는 말을 하는 아들. 아들의 말처럼 앞으로도 영원히 나는 엄마라는 이름으로 살면서 힘 빼는 기술을 알아갈 것이다.

육아와 운전은 닮은 구석이 있다. 운전대를 잡으면 불현듯 불안과 공포가 스멀스멀 올라온다. 운전은 나 혼자만 잘한다고 되는 것이 아니다. 반대편에서 달려오는 트럭 기사의 3초 졸음운전에 바로 황천길로 갈 수 있다. 멀쩡하던 내 차에 언제 비상등이 켜질지 모르고 언제 폭설이 내려 도로를 집어삼킬지 모른다. 예측은 언제나 보기 좋게 빗나간다. 운전에 관한 예측 가능한 사실 하나는 내가 아무것도 예측할 수 없다는 사실뿐이다.

육아도 마찬가지다. 쌔근쌔근 잘 자는 내 아이에게 당장 어떤 일이 일어날지도 모른다. 그러니 1년 뒤, 5년 뒤, 10년 뒤를 어찌 감히 예측할 수 있을까? 완벽해 보였던 내 아이의 눈빛이 한순간 어떻게 바뀔지, 사랑한다며 쪽쪽거리던 그 입술에서 쏟아내는 말이 날 향한 원망과 욕설로 변할지는 아무도 모를 일이다. 그런 끔찍한 일은 남의 집 이야기이길 바라지만, 신은 나에게 아무 말 없이 아들의 운동화를 통해 모든 일은 예측 불가능하다는 깨달음을 주었다. 7월에 산 아들의 운동화가 여름을 지나고 나니 도저히 신을 수 없을 정도로 작아졌다. 아들의 발이 그렇게 빨리 자랄 줄 초보 엄마인 내가 가늠한다는 건 우습기 짝이 없는 일이었다(단언컨대 나는 아들에게 큰 치수의 운동화를 사 주었지 딱 맞는 운동화를 사준 적이 없다).

미니멀 육아 선언을 하고 나서, 나를 돌보기 시작했다. 일단 남들 눈으로부터 자유로워졌다. 아들의 의무를 늘렸고 나의 권리를 찾아 나서기 시작했다. 모든 기준을 나와 아들의 행복에 맞췄다. 건반 하나 하나를 맞추듯 인생 조율을 시작했다. 아이를 키우다가 그래도 엄마인데 이래도 괜찮은가 고민이 생길 때면 충격적이었던 그날 밤으로 돌아갔다.

내 인생의 주인공은 나다. 아들조차 이런 엄마를 응원한다. 나를 인정했더니 우리의 관계는 더 깊고 넓어졌다. 개인의 선택을 적극적으로 존중했고 선을 넘지 않는 범위의 자유로움을 맛보기 시작했다.

사랑이 식을 새가 없었다. 아들에게 할 법한 잔소리를 방향을 틀어 나에게 하고 나니 내 삶이 더 단단해졌다. 말로 보여 주는 것이 아니라 행동으로 가르치겠다고 다짐하니 더 잘 살아야겠다는 생각이 들었다. 행복한 삶을 살아내는 동지처럼 서로의 인생을 공유했다. 유치원생이던 아들이 어느덧 자라 초등학교 5학년이 되었다. 아들은 매일 나에게 5번 뽀뽀를 한다. 왜 5번이냐고 물으니 5학년이라서 5번이란다. 내년에는 6번을 해 주기로 약속했다.

아이가 태어나면 엄마인 내 인생은 진흙밭이 된다고 생각했다. 하지만 나를 먼저 사랑하기(나만 사랑하는 것이 아니다)로 다짐하니 내 인생은 황토방이었다. 공기청정기가 필요 없는 황토방, 여름에는 시원하고 겨울에는 따뜻한 온기가 도는 황토방이었다.

아이를 키워본 엄마는 누구나 안다. 엄마가 아이를 키우는 것이 아니라, 아이가 엄마를 키우고 있다는 사실을.

무엇보다 엄마가 홀가분해하고, 편안해할수록 아이는 더 행복해진다. 쓸데없이 아이를 잘 키워내야 한다는 굳건한 사명감과 책임감을 내려놓고 행복한 엄마로서 행복한 아이를 키우자.

육아가 어렵고 힘들다면 일단 힘 빼고 육아다.

미니멀맘 신혜영

차례

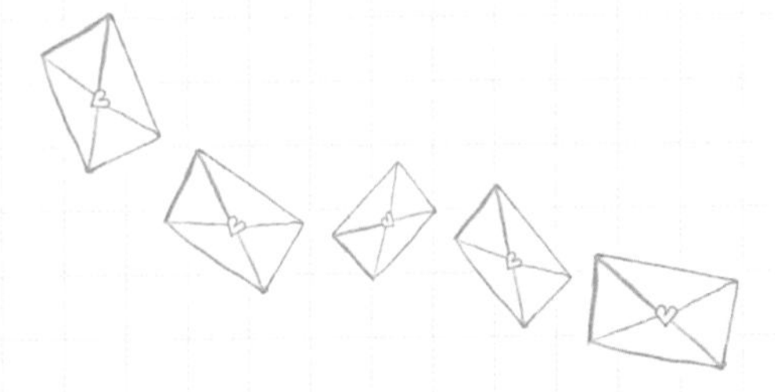

2장 육아 고민을 덜어 주는 선택과 집중

미니멀 육아의 기술

3장 복잡한 집안일을 간결하게 하는 법

미니멀 살림의 전략

4장 엄마와 아이의 행복한 홀로서기

미니멀 육아로 찾은 주체적인 삶

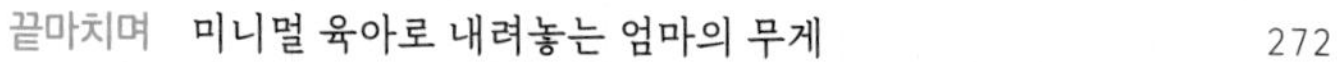

1장

육아에도 힘을 뺄 수 있을까?

미니멀 육아란?

인생의 주인공은 나입니다

유치원에서 아들을 태운 뒤 마트로 장을 보러 갔다. 장바구니에는 어김없이 1리터짜리 묶음 우유 두 개, 멀티 라면팩 한 개, 만두 한 봉지, 콩나물 한 봉지, 과자 몇 봉지, 세 줄짜리 요구르트 한 묶음, 양파 한 봉지, 파 한 단, 두부 한 모, 반찬거리 몇 개가 들어 있었다.

'왜 항상 장을 본 날은 이렇게 지지리도 주차 운이 없는 걸까?'

아파트 입구에서 한참 떨어진 구석에 겨우 주차한 뒤, 투덜투덜하다 툭 튀어나온 입을 하마터면 차 문으로 스매싱할 뻔했다. 힘들게 차에서 내려 낑낑거리며 양손 가득 짐을 들고 걸어갔다. 두 손에는 이미 감각이 없었다.

‘양손에는 빨간 줄이 쫙쫙 그어져 있겠지.’

16층에서 내려오는 엘리베이터 숫자판만 하염없이 바라보며, 중간 어디쯤이라도 엘리베이터가 제발 한 번도 멈추지 않고 내려오기만을 초초하게 기다리고 있었다. 다행이다. 엘리베이터는 가벼운 몸짓으로 한 번에 쑤욱 내려왔다. ‘땡’ 소리가 나며 부드럽게 문이 열렸다. 쏟아져 나오는 사람이 하나 없던 빈 엘리베이터 정면 거울에 비친 나와 눈이 딱 마주쳤다.

내 어깨에는 아들의 유치원 가방이, 손에는 거대한 마트 봉지 두 개가, 겨드랑이에는 금방이라도 겨드랑이 사이로 흘러내릴 것 같은 말썽꾸러기 얼굴을 하고 있는 클러치까지. 그 순간 정신이 번쩍 들었다.

‘하…… 너 지금 뭐 하니?’

띠띠띠띠띠 띠리릭 철컹.

손이 없는 나 대신 아들은 현관문 도어 록을 열어 주었다. 아, 드디어 집이다. 아끼는 구두도 아랑곳하지 않고 신발을 툭툭 차 벗어 던지고, 두 손 가득 마트 봉지를 바닥에 내리꽂았다. 어깨에 걸린 아들 유치원 가방도 풀린 팔찌처럼 내 팔에서 미끄러져 바닥에 떨어졌다. 땀 맺힌 겨드랑이에 딱 달라붙어 있던 클러치도 내동댕이

쳐졌다. 클러치 안에 새로 산 콤팩트의 안위 따위는 신경 쓸 겨를이 없었다. 냉동 만두와 우유를 냉장고에 넣어야 한다는 것도 잊은 채 그대로 벌러덩 침대로 번지 점프를 했다. 보이지도 않는 강바닥 아래로 끝없이 하강하는 기분이었다. 내 다리에 묶인 이 로프는 과연 어딘가에 매여 있는 것일까? 이대로 추락하는 것은 아닐까? 강바닥 같은 침대는 나를 완전히 삼키고 있었다.

'나 이제 뻔뻔해져야겠어.'

엄마의 의무감에서 벗어나기

다음 날 아침, 유치원 등원 시간. 아들은 늘 그렇듯 신발을 신고 현관문을 열고 밖으로 나갔다. 그 뒤로 나는 차 키와 핸드폰을 손에 쥐고 따라나섰다.

"엄마. 내 가방은요?"

"어?"

"유치원 가방이 없는데요."

"그 가방 누구 가방이지?"

"내 거죠."

"그럼, 이제 아드님이 챙기세요. 엄마는 엄마 가방, 너는 네 가방. 오케이?"

엘리베이터 앞에서 처음으로 뻔뻔한 엄마가 돼 아들 앞에 섰다. 나도 살짝 긴장이 됐지만 세 보이려는 마음으로, 지지 않겠다는 다짐으로, 굳건한 입술처럼 한 발짝도 움직이지 않았다.

아들은 다시 집 안으로 들어가 가방을 메고 나왔다. 엄마의 말과 행동에서 뭔가 이상함을 느꼈나 보다. 혹시나 내 눈의 의연함을 보았나?

'아 모르겠고…… 난 슈퍼우먼이 아니다. 네 가방은 네가 들어라. 들기 싫으면 버려.'

속으로 외쳤다.

그렇게 그날을 시작으로 아들은 유치원 가방을 내 도움 없이 메고 다녔다. 아들은 나의 과도한 친절을 엄마의 의무라고 받아들였던 것 같았다.

아이에게 최소한의 역할 부여하기

그날 이후, 어느 날 장을 보고 난 뒤.

나는 차에서 내리면서 쫄레쫄레 아파트 입구로 양손 편하게 걸어가는 아들을 불러 세웠다.

"아들, 오늘 산 거 이것들 엄마가 혼자 다 먹는 거야?"

"아니."

"너도 먹을 거야?"

"당연하지."

"그럼 당연히 너도 도와야 하지?"

"응."

"너 가방 몇 개 들었어?"

"한 개."

"엄마는 몇 개 들고 있지?"

"세 개."

"엄마는 세 개고 너는 하나야. 엄마가 너에게 선택권을 줄게. 엄마 가방을 들래? 장바구니를 들래?"

아들은 내 겨드랑이에 꽂혀 있던 클러치 백을 빼어 들고 앞장을 섰다. 자기 눈에도 그게 제일 가벼워 보였나 보다.

그렇게 우리는 홀로서기를 시작했다.

아들은 나의 과도한 친절을
엄마의 의무라고 받아들였던 것 같았다.

힘 빼는 육아 *Key Point!*

엄마는 엄마, 아이는 아이! 아이에게 최소한의 역할을 부여함으로써 독립적인 자아상을 심어 주세요. 빠르면 빠를수록 좋습니다. 아이가 배려심 있는 아이로 키우길 바란다면 먼저 엄마를 배려하는 아이로 키워봅시다. 배려는 스스로 배우는 게 아닙니다. 부모로부터 가정으로부터 배웁니다. 부모는 작은 것부터 가르쳐서 아이가 배려를 배우도록 알려주면 좋겠습니다.

엄마와 아이,
각자의 시간을 존중하세요

아들은 참 체력이 좋다. 내 아들만 그런 건지 아니면 점점 늙어가는 내 체력이 떨어지는 건지 잘 모르겠다. 열 살도 안 된 아이랑 엄마의 체력이 같을 수는 없겠지만……. 그래서 매일 홍삼과 프로폴리스, 유산균을 잊지 않고 챙겨 먹는다.

어르신들이 왜 몸에 좋은 식품과 마사지기에 속아서 사기를 당하는지 그 심정이 어느덧 이해되기 시작한다. 홈쇼핑에 건강식품을 팔면 나도 모르게 채널을 고정하는 나를 발견하기 시작했다. 친구들과 주고받는 선물도 화장품이나 스카프가 아니라 건강식품이 돼가는 그런 웃픈 나날이 시작됐다.

밤이 되면 숨 쉬는 것도 힘들다. 아들이 잠을 좀 빨리 자면 진짜 소원이 없겠다.

"아들 몇 시야?"

"여덟 시 반."

"몇 시에 누울 거야?"

"아홉 시."

아홉 시가 됐다.

"아들 뭐 하는 시간이야?"

"책 읽고 싶은데."

책도 별로 좋아하지 않는 녀석인데 책을 읽어 달라는 것은 아직 잠을 자기 싫다는 뜻이다.

"그래. 읽어 줄게."

그런데 게으른 엄마는 책을 순순히 읽어 주지 않는다.

"내가 두 장 읽어 줬으니까 너도 반바닥을 읽어 줘."

그렇게 사이좋게(?) 책도 읽어 주었다. 그런데도 이 녀석은 잘 생각을 안 한다. 내가 태권도에 아이를 등록시킨 유일한 이유는 이른 잠자리 효과 때문이었는데 초반에는 잘 먹히더니 아들 체력이 좋아진 건지 좀 다녔다고 요즘은 체육관에서 슬렁슬렁하고 오는 건지 그 효과도 바닥을 쳤다.

'이렇게 나오면 체육관을 그만두고 더 빡센 데를 보내야 하나? 하하하하.'

처음에는 아들에게 일찍 잠을 자야 한다고 회유도 하고 사정도 했는데 말꼬리만 잡히고 별로 효과가 없었다.

논리적으로 아이에게 말하기

"아들, 키가 크려면 일찍 잠자리에 들어야 하는 것 알고 있지?"

이런 말은 이제 식상해한다.

"아들, 엄마 너무 피곤해서 먼저 잘게."

이런 이유라면 정직함과 부정직함을 아들은 빨리도 알아차렸다. 내가 정말로 피곤하면 이렇게 말하고 먼저 잠들어 버리는 경우가 있다. 아이는 엄마의 말투, 엄마의 말소리 크기, 엄마의 얼굴 등 자기가 판단하는 이유로 그 피곤함의 정도를 먼저 잘 느꼈다.

도저히 방법이 나오지 않자 솔직함으로 밀어붙였다.

"아들, 엄마는 네가 빨리 자면 좋겠어. 왜냐면 엄마는 네가 자야지 책을 읽고 쓸 수 있거든. 네가 빨리 안 자고 이렇게 시간을 보내면 엄마는 마음이 급해지고 잠자리에 드는 시간이 더 늦어진단 말이야. 그러다 보면 엄마가 늦게 일어나고 또 네가 학교에 지각할 수도 있어. 그럼 엄마 마음이 속상해. 그래서 엄마는 네가 이제는 잠들었으면 좋겠어."

100퍼센트 진실이었다.

"엄마, 그러면 지금 책 쓰러 가도 돼."

"정말? 너 혼자 잠들 수 있겠어?"

"응. 그런데 방문을 조금만 열어 두면 될 것 같아. 조금만 더 이따가 잘게. 엄마는 가도 돼."

아들의 말에 의심이 생겼지만 내색하지 않았다. 어쨌든 너무 좋았지만 침착한 태도로 말했다.

"고마워 아들. 무서우면 언제든지 엄마한테로 오면 돼. 우리 아들, 잘 자."

아이가 원하는 만큼 방문을 열어 두고 식탁에 부드러운 조명등을 하나 켜고 노트북을 켰다. 곧바로 나는 일을 시작했다. 방에서는 부스럭거리는 소리도 들리고 혼자서 인형이랑 뭔가 이야기하는 것 같은 이런저런 소리가 들려왔지만 아랑곳하지 않았다. 곧이어 내가 제일 사랑하는 소리가 들렸다.

드르르르렁~~~.

'오, 땡큐!!'

그날 이후 나는 아이에게 더 솔직한 엄마가 되기로 마음먹었다. 아이는 솔직한 엄마에게 허용적이었고 그런 엄마를 이해하는 폭이 넓었다.

엄마의 시간을 지켜주는 아이

새벽까지 글을 쓰다 늦잠을 잔 어느 날.

"엄마, 이제는 일어나야 해."

여덟 시가 넘은 시각이었다. 부끄러움을 모르는 뻔뻔한 엄마다. 뭐 이런 날이 자주 있는 것은 아니지만 1년에 한 두 번은 있는 것 같다.

"왜 이제야 깨워. 아들, 미안해. 얼른 밥 줄게. 아침 뭐 먹을래?"

"괜찮아. 엄마가 어제 늦게 잔 거 같아서 내가 일부러 안 깨웠지."

아이는 어젯밤에 일해야 한다는 엄마의 말을 허투루 듣지 않았다. 그 밤에 엄마가 텔레비전을 봤는지, 친구와 수다를 떨었는지, 인터넷 쇼핑을 했는지, 아이는 모른다. 나 역시 절대 흔적을 남기지 않는다. 다만 식탁 위에는 언제나 펼쳐 놓은 노트북과 반쯤 읽다 엎어 둔 책과 노트 ,그리고 삼색 볼펜, 커피잔이 무엇인가 치열했지만 행복했던 나만의 시간을 증명할 뿐이다.

나는 아이에게 더 솔직해지는 엄마가 되기로 마음먹었다.
아이는 솔직한 나에게 허용적이었고 그런 엄마를 이해하는 폭이 넓었다.

힘 빼는 육아 *Key Point!*

아이를 위해 엄마의 삶을 헐겁게 놔두지 않길 바랍니다. 엄마의 일을 하면서 아이에게 미안해하는 엄마들을 많이 봅니다. 절대 미안한 일이 아닙니다. 왜 엄마가 하고 싶은 일, 엄마의 미래를 찬란하게 만들어 줄 일을 하는 것에 죄책감을 느껴야 하는 걸까요?

아이들은 부모를 보고 자랍니다. 꿈꾸는 부모를 보고 자라는 아이들은 부모보다 더 큰 꿈을 이룹니다. 믿고만 있지 말고 아이에게 보여 줘야 할 때입니다.

엄마의 말투에 아이의 인성이 달렸습니다

아들이 냉장고 문 앞에서 방긋 웃으며 나에게 말했다.

"나, 아이스크림 먹는다."

"(방긋 웃으면서) 당연하지. 드세요."

이런 날이 있는가 하면 또 이런 날도 있다.

"나, 아이스크림 먹는다."

역시나 아들은 같은 미소를 지으며 나에게 말했다.

"반말?"

눈썹이 확 올라가고 뭐라도 오늘 하나만 걸려만 봐라, 엄마의 예절 레이더가 작동한다.

"아이스크림 먹어도 돼요?"

바로 아들은 깨갱 하면서 조심스럽게 뱉어낸다.

"(퉁명스럽게) 그래."

아이가 헷갈리지 않게 단호하게 말하기

참 치사한 엄마다.

하루 이틀도 아니니까 아이도 어느 정도 알고 있을 테지만 나 스스로는 너무도 잘 알고 있다. 난 참 치사하다. 똑같은 상황에 똑같은 행동, 똑같은 말이라도 다 내 기분에 따라 달라진다. 기분이 좋으면 반말이라도 그냥 넘어가는 날이 있었다. 하지만 조금이라도 피곤한 날이면 아들이 반쯤 높임말을 했어도 나에게 상당히 거슬리는 그런 날이 분명 있었다. 어느 날 보니 이도 저도 아니어서 아이를 헷갈리게 만드는 행동을 하고 있었다.

더 이상은 아이를 헷갈리게 하면 안 될 것 같았다. 높임말을 받아들이는 엄마의 기준이 나의 기분이라니 안 될 말이었다. 높임말의 기준을 나의 기분이 아니라 나름대로 합리적인 것으로 정해야겠다고 생각했다. 가급적 부드러운 방법이 필요했다. 곰곰이 생각한 끝에 나름의 답을 찾고 실천에 옮겼다.

"나, 아이스크림 먹는다."

아이스크림이란 말을 하면서 아이가 웃는다.

"어머(일부러 깜짝 놀란 표시를 많이 낸다)! 방금 저한테 반말하셨어요? 누구세요? 저 아세요? 제 아들은 그렇게 이야기하는 사람이 아니에요."

"아잉! 아이스크림 먹어도 돼요?"

아이는 미안해하면서 부끄러운 듯 더 애교 있게 말한다.

"그럼요. 맛있게 드세요(일부러 더 높임말을 쓴다. 보고 배우라고. 엄마는 아들을 존중한다는 의미를 주기 위해서다)."

아이에게 높임말을 하라고 가르치지만 정작 아이는 높임말을 보고 배울 수 있는 환경에 노출되기가 힘들다. 예전에는 대가족 문화가 있었다. 아이는 자연스럽게 가정에서 높임말을 배웠다. 마을에서도 어른들이 더 높은 어르신을 만나는 것을 보고 들으면서 높임말을 자연스럽게 접했을 것이다. 하지만 요즘 아이들은 어떨까? 아이는 높임말을 사용하는 것을 본 적도 들은 적도 없기에 쉽게 익힐 수가 없다. 높임말이라고 하는 것은 국어 시간에 책으로만 잠시 배우는 것이란 말인가?

일상에서 가르치는 높임말

그래서 나는 아들에게 높임말을 쓴다. 물론 항상 쓰는 것은 아니다. 하지만 집에서 영어를 쓰는 것보다 높임말을 쓰는 것이 아이에게 더 큰 도움이 되리라고 믿고 있다. 높임말만 나오는 CD는 어디에도 없을 테니까 말이다.

"잘 다녀오셨습니까?"

유치원에서 돌아온 아들에게 건넨 인사다.

"식사하세요."

정신없이 놀고 있는 아들에게 건넨 인사다.

"안녕히 주무세요."

"잘 자." 하고 말하는 날도 있지만 이렇게 인사할 때도 있다.

항상 아이에게 높임말을 쓰진 않지만 가끔 높임말을 쓰려고 노력한다. 그것이 나는 낮추고 아이를 높여 주기 위해서라기보다는 아이를 존중하기 위해 내가 하는 노력이며 동시에 높임말을 자연스럽게 교육할 수 있기 때문이다. 그래서 아들은 퇴근하고 돌아온 내게 이렇게 인사한다.

"잘 다녀오셨습니까?"

힘 빼는 육아 *Key Point!*

아이들이 만나는 어른들은 한정적입니다. 어릴 때부터 공부한다고 명절에도 할머니 댁에 내려가지 못하는 아이들, 고작 부모님과 선생님이 만나는 어른의 전부인 아이들은 높임말이 어색할 수 있습니다. 높임말을 하는 아이가 거리감이 느껴져서 싫다는 부모님도 종종 만날 수 있는데, 그 마음을 모르는 건 아니지만 높임말과 어른을 대하는 태도는 인간관계에 있어서 스펙과도 같습니다.

아이에게 책임감을 심어줍니다

수업 중에 아들에게 전화가 왔다.

"잠시만, 선생님 아들한테 전화가 왔는데 1분만 통화해도 될까?"

"네."

전화를 받았다.

"응. 아들, 무슨 일 있어?"

"엄마, 오늘 민찬이 우리 집에 놀러 와도 돼요?"

"그럼. 당연하지. 그런데 민찬이 어머니께는 허락받았니?"

"네. 이제 전화해 보려고요."

"그래. 알았다. 엄마 수업 중이라서 전화 빨리 끊어야 해."

"네."

전화를 끊자 아이들이 토끼 눈을 하고 물었다.

"선생님 아들 1학년인데 휴대폰 사 주셨어요?"

"아니. 안 사 줬지."

"그런데 어떻게 전화를 해요?"

"돌봄 교실에 전화가 있거든. 그걸로 전화한 거야."

의심쩍은 표정의 아이들에게 '돌봄 교실'이라고 찍힌 발신자 번호를 보여 주었다.

"아……."

그제야 모든 의심은 풀렸다는 듯이 아이들은 고개를 끄덕였다. 그러고는 입술을 삐죽 내밀었다.

"선생님 아들이 왕 부럽네요."

"왜?"

"우리 엄마는 제 친구들 절대 집에 못 오게 하거든요."

"저희 엄마도 그래요."

"그건 그럴 만한 이유가 있으시겠지."

아이들 앞에서는 그렇게 이야기했지만 속으로는 이렇게 말했다.

'얘들아. 선생님 집은 친구가 와서 어질러도 표가 안 나요. 그래서 그렇단다.'

아들의 친구들이 집에 오면 우선 나는 놀이터에 가서 놀다 오라고 한다.

비가 오거나 하늘이 깜깜하지 않은 이상 놀이터는 필수다. 아이들은 뛰어놀아야 한다고 생각하기 때문이다. 그리고 절대 핸드폰은 반칙이라 허락할 수 없다. 친구와 함께 놀려고 모인 것이지 핸드폰을 같이 보려고 집에 온 것은 아니기 때문이다.

아이가 가지고 논 장난감은 스스로 치우게 한다

마지막으로 친구가 집에 가기 전 함께 논 장난감은 다 정리하는 것이 법칙이다. 아들은 친구가 그냥 가 버리면 고스란히 혼자서 치워야 하는 것을 알고 있기에 친구가 가기 전, 의무적으로 장난감을 치워야 한다고 당당하게 친구에게 이야기한다. 엄마는 잔소리할 필요가 없다. 그저 아들과 친구들의 식사나 간단한 간식만 챙겨 주면 된다. 그리고 행복해하며 방으로 들어가 나만의 자유 시간을 만끽한다.

그러고 보면 또 지켜야 할 법칙이 있다. 엄마를 방해해서는 안 된다. 친구가 안방으로 들어오게 해서도 안 된다. 친구가 물을 먹고 쉽거나 간단하게(아들이 해결할 수 있는 범위의 문제) 필요한 것은 내가 직접 나서지 않는다. 다 아들 몫이다. 이유는 간단하다.

"아들, 민찬이는 누구 친구지?"

"내 친구지."

"그럼 누가 대접해야 하는 걸까?"

"내가?"

"그래. 엄마는 밥이나 간식을 챙겨 줄 수 있어. 그건 아들이 못하는 일이니까. 하지만 그 밖의 것은 네 손님이니까 네가 대접해 주었으면 해."

"알았어."

독립적인 아이가 준 엄마의 자유시간

아들이 친구를 맞이해 함께하는 동안, 나는 우아하게 안방에서 차를 마시든지, 밀린 잠을 자든지, 책을 보든지, 핸드폰 삼매경에 빠지든지, 친구와 수다 타임을 가지든지, 자유 시간의 끝을 달린다.

사실 이런 이득도 없다면 그렇게 순순히 아들의 친구들의 방문을 허락하지 않을 것이다. 다만 문제가 되는 날이 있다. 냉장고에 먹을

엄마는 잔소리할 필요가 없다.
그저 아들과 친구들의 식사나 간단한 간식만 챙겨 주면 된다.

게 하나도 없는 날. 그러면 또 쿨하게 전화를 든다.

"사장님, 양념 반 프라이드 반이요.

힘 빼는 육아 *Key Point!*

집마다 가정의 문화와 사는 방식이 다르기 때문에 친구 집에 방문하면서, 아이는 세상의 다양함을 몸소 배울 기회를 얻습니다. 그 집의 어른을 만나고 이야기를 나누며 살아가면서 지켜야 하는 예의범절을 배우고 익히는 기회가 될 수 있습니다. 그러니 마음껏 아이를 친구 집으로 보내고, 친구들도 집으로 초대하게 합시다.

아이 혼자 두는 것을 두려워하지 마세요

아이들 방학이 가까워 오면(방학 시즌이 아니래도), 하나도 재미없지만 재미있을 것처럼 만들어진 애니메이션이 극장가로 아이들을 유혹한다. 어떻게 알았는지 아들은 귀신같이 새 영화를 알아 가지고 와선 이렇게 말한다.

"엄마, 18일부터 포켓몬스터 영화를 볼 수 있대."

보고 싶으니 가자는 소리다.

'그래, 내가 너의 즐거움을 보장해 줄게.'

생각은 이렇게 하지만 사실 애니메이션은 절대 내 스타일이 아니다. 모든 애니메이션이 그런 것은 아니지만 아이들을 겨냥한 애니메이션은 대체로 시간과 돈, 에너지 모든 것이 아깝다. 아이와 한 번이라도 영화관에 같이 간 부모님이라면 다들 공감하시리라 본다. 아이와 함께 영화관에 앉아 있으면 진풍경이 펼쳐진다. 아이들은 영화에 빠져 있고 동시에 부모들은 스마트폰에 열중하고 있다. 일반 영화라면 어림 반 푼어치도 없는 상황이지만 누구도 새어 나오는 스마트폰 불빛에 불평하지 않는다. 모두가 같은 마음이니까…….

아이 혼자서 영화를 볼 수 있을까?

다시 영화 이야기로 돌아가자.

"아들, 영화 보고 싶지? 그런데 엄마는 정말 보기가 싫어. 시간도 아깝고 재미도 못 느끼겠어. 그래서 사실 돈도 아까워. 어떻게 좋은 방법이 없을까?"

"잘 모르겠어."

"이건 어떨까? 엄마가 널 영화관에 데려다줄게. 넌 영화를 보는 거야. 엄마는 밖에서 널 기다릴게. 물론 영화관 안 네 자리까지 널 데려다줄 거야. 그리고 영화가 끝나면 다시 널 데리러 갈게. 어때? 생각해 보고 이야기해 줘."

조금 뒤.

"그럼 엄마, 내가 됐다고 할 때까지 내 옆에 있어 줘."

"그래, 알았어. 그럴게."

우리의 협의는 순조롭게 이루어졌다. 그 길로 바로 영화관으로 직행했다. 캔버스 가방에는 아들이 사랑하는 팝콘과 콜라를 담았다. 내 가방에는 내가 마실 물과 책 두 권과 노트를 챙겼다. 영화관에 도착해서 발권하고 상영관 입구로 올라갔다.

"아이만 영화를 볼 건데요. 자리만 좀 찾아 주고 나와도 될까요?"

"네. 그러세요."

친절한 직원은 기분 좋게 말했고 아들과 나는 지정된 자리로 함께 갔다. 아들이 편하게 먹을 수 있게 팝콘 봉지를 뜯어 주고 콜라도 따 주었다. 아직 영화가 시작되기 전이었고 광고 상영 중이었다.

"엄마, 이제 가도 돼요."

"벌써? 진짜 괜찮겠어?"

상영관에 들어간 지 1분도 되지 않았는데, 아이 어깨의 긴장감은 온데간데없이 다 사라지고 없었다. 표정을 보니 얼빠진 표정도 없고 걱정, 두려움도 없어 보였다.

'그래, 네 입으로 가라했으니 널 믿고 간다.'

"아들, 엄마가 다시 이 자리로 올 거니까 걱정 안 해도 돼. 영화 끝나도 이 자리에 그대로 있어. 혹시나 중간에 엄마가 보고 싶거나 무서우면 우리가 들어왔던 이 문으로 다시 나오면 돼. 엄마가 문 앞에 있는 테이블에 앉아서 책 보고 있을 거야. 걱정하지 말고."

"응. 알겠어."

아들에게 걱정하지 말라고 한 것은 나에게 하는 이야기 같았다. 사실 은근히 걱정이 됐기 때문이다. 그래도 찰떡 같이 약속하고 들어온 길로 나갔다. 상영관 앞에는 테이블도 있었고 푹신한 의자도 있었다. 영화는 곧 시작했고 영화관은 이내 조용해졌다. 진동하는 팝콘 냄새만 아니었다면 도서관 못지않은 분위기였다. 아들이 혼자 영화를 보는 90분 동안 나는 책을 휘리릭 읽었다. 어려운 책이 아니라서 금방 책 두 권을 읽고 노트에 정리까지 했다. 주말 아침 이런 달콤함을 즐길 수 있다니. 아들, 너 그새 참 많이 컸구나. 감동이 막 밀려들었다.

아이의 만족감, 엄마의 홀가분함

영화가 끝나기 1~2분 전 조용히 다시 상영관으로 들어갔다. 자막이 올라가기를 기다렸다가 직원과 함께 움직였다. 아들은 아무렇지 않게 그 자리에서 감상을 아주 잘한 것 같았다. 마치 아버지가 소고기를 드신 것과 같은 표정이었다.

"어땠어? 혼자 있어서 무섭진 않았어? 재밌었어?"

"응. 무섭지도 않았고 재밌었어. 다음에도 할 수 있을 것 같아."

"아, 진짜? 아들 덕분에 엄마는 밖에서 책을 두 권이나 읽었어. 머리에 쏙쏙 들어오더라. 고마워. 다 이게 우리 아들 덕분이야."

아들의 손을 잡고 내려가는 길에 갑자기 생각이 났다.

"아들, 아까 먹은 팝콘이랑 콜라는 어쨌어?"

아들은 캔버스 가방을 들여다보며 '나를 어떻게 생각하는 거야?' 라는 표정을 지어 보였다.

"여기 있지."

꼬깃꼬깃 접은 팝콘 봉지와 빈 플라스틱 콜라병이 누워 있었다.

힘 빼는 육아 *Key Point!*

아이에게 걱정 말라고 하지만, 사실 부모가 쓸데없이 걱정하는 일이 더 많습니다. 아이가 혼자서도 할 수 있는 나이가 되면 두려움 없이 혼자 둬도 괜찮습니다. 물론, 영화관이나 도서관처럼 안전한 곳이라는 전제 하에 말입니다. 아이가 좋아하는 영화나 책을 볼 때, 부모도 원하는 일을 하며 서로의 시간을 지킬 수 있는 육아야말로 힘 빼는 미니멀 육아가 아닐까요.

상영관에 들어간 지 1분도 되지 않았는데,
아이 어깨의 긴장감은 온데간데없이 다 사라지고 없었다.

아이가
스스로 하도록 지켜보세요

아이가 초등학교에 들어가고 3월의 어느 월요일 아침이었다. 널어놓은 빨래를 걷으러 베란다로 나간 순간, 아뿔싸! 아들이 빨아 놓은 실내화가 그 자리에 그대로 있었다. 월요일이었는데 미처 실내화를 챙기지 못한 것이었다.

이건 분명 나의 잘못이기도 했다. 엄마가 돼서 이런 것도 안 챙겨주다니……. 미안한 마음이 불쑥 올라왔다. 신입생 학부모가 돼서 아이를 이렇게 학교에 보내다니……. 선생님 볼 면목이 없었다. 화장실을 어떻게 갈 것이며 급식소는 또 어떻게 간단 말인가?

하루 종일 양말 바람으로 학교를 돌아다닐 아들을 생각하니 마음이 급해졌다. 서둘러 실내화를 챙겨서 학교로 향했다. 선생님을 뵙기도 뭣하고 해서 조용히 교실 뒷문에 이름이 쓰인 실내화만 덩그러니 놓고 나왔다.

'뭐, 이정도면 어떻게든 누군가가 챙겨 주겠지.'

아니나 다를까 아들은 그날 저녁 히죽 웃으면서 "엄마, 오늘 학교 왔다 갔지?"라고 했다.

"그런가? 기억이 안 나는데."

"엄마가 온 거 다 알고 있어. 내 친구 민석이가 내 실내화 가져다 주더라고."

"월요일에는 실내화 까먹지 말고 가자. 알았지?"

"네."

아들에게 말하면서 동시에 나 스스로에게 한 말이기도 했다.

'잊지 말자. 실내화.'

아이는 생각만큼 불안해하지 않는다

그렇게 정신을 똑바로 차렸지만 약발은 그리 오래가지 않았다. 6월쯤이었나. 똑같은 일이 벌어졌다.

'흠……. 이번에는 어떻게 하지?'

실내화를 챙겨 들고는 잠시 고민을 하다가 '뭐 어떻게 되겠지!' 싶은 이기적인 마음이 불안한 마음을 눌러 버렸다. 나는 워킹맘이고, 일반 워킹맘은 일찍 출근하고, 그러면 이렇게 실내화를 가져다줄 기회는 없을 것이고, 사람이 살다 보면 그럴 수도 있는 것이고……. 나름의 이유를 갖다 붙이면서 학교로 향하지 않고 직장으로 향했다. 직장이 학교를 지나가는 동선이었는데도 모른 척 눈을 감아 버렸다.

그날 저녁.

"아들, 오늘 실내화가 베란다에 그대로 있던데? 괜찮았어?"

"응. 내가 깜빡하고 안 가져갔어."

"어머, 그랬구나. 그러면 화장실은 어떻게 갔어?"

"친구 영민이 거 빌려 신었어."

아들은 씩씩했고 실내화를 안 가져간 것을 전혀 대수롭지 않게 생각하는 눈치였다.

'그래. 뭐, 양말은 빨면 되는 거지. 선생님께는 부끄럽긴 하지만 어쩌겠어. 아들은 위기를 나름 잘 넘기고 있구나. 불안한 내 마음만 잡으면 되겠구나. 아들, 파이팅. 너는 이렇게 아무렇지 않은데 나만 불안한 거였구나. 이젠 널 믿을게.'

힘 빼는 육아 *Key Point!*

아이를 있는 그대로 믿지 못하는 마음은 아이를 못 믿어서가 아니라 엄마의 믿음이 부족해입니다. 잘 생각해 보세요. 내 배 속이 작으면 아무리 맛있는 음식이 앞에 있어도 씹어 넘길 수 없는 것과 같지요. 내가 가진 믿음이 작으면 내 아이는 계속 작은 아이로 머물러 있을지도 모릅니다.

아이는 엄마가 믿는 대로 자랍니다

동틀 무렵에 일어나는 아들이 그날따라 아침잠을 하염없이 자고 있었다. 여덟 시가 넘어가자 더 이상은 안 될 것 같아 아들을 깨우기 시작했다. 아들을 깨울 때는 조심스럽게 얼굴을 쓰다듬고 머리를 쓰다듬는다. 팔과 다리를 살살 주물러 준다. 그러자 아들은 힘겹게 눈을 떴다.

"아들, 이제는 일어나야 할 듯해. 너 지각할지도 몰라."

"엄마, 못 일어나겠어. 오늘은 학교 안 가면 안 돼요?"

"아하, 우리 아들이 학교 가기 싫은가 보구나. 너무 피곤해서 그렇지?"

속에서 천불이 올라오고 이게 뭔 소리를 하느냐고 등짝을 때리고 잔소리가 참지 못하고 우두둑 터져 나올 거 같은 순간이었다. 하지만 나는 심호흡을 세 번 길게 하고 입을 꾹 닫았다.

'너 학교 안 가면 엄마는 일하러 가야 하는데 널 집에 놔두고 가니? 그럼 점심은 어떻게 할 거야? 혼자 하루 종일 집에 있겠다면 엄마는 어쩌란 말이야? 이게 말이야, 똥이야?'라고 말하고 싶었지만 꾹 참았다.

"응. 너무 피곤해. 오늘 학교 안 갈래."

"그래. 알았어. 우선 엄마가 세수해 줄게."

이럴 때는 상황을 파악하고 왕처럼 아들을 대해 줘야 한다. 평소처럼 세수해라, 옷 입어라, 밥 먹어라 하면 뻔한 일만 일어난다. 용이 불을 뿜는 모습이 바로 연상될 것이다. 용은 분명 나다.

아이는 마음을 헤아려주는 엄마를 따른다

"자, 아침은 뭐 먹을까? 입맛이 없으니까 사과 줄까?"

"응."

세수를 시키고 사과를 잘라서 입에 넣어 주고 오물거리고 있는 아들의 잠옷을 벗기고 양말을 신기고 바지와 티셔츠를 입히고 머리도 빗겨 주고 선크림도 발라 주었다. 아무 말 하지 않고 간간히 어깨도 마사지해 주고 뽀뽀도 해 주었다. 아들도 아무 말 없이 사과를 먹더니, 가방을 메고 집을 나섰다.

"학교 다녀오겠습니다. 엄마, 사랑해."

"잘 다녀오세요. 아들, 나도 사랑해."

여느 때와 다른 아침 풍경이었지만 그래도 내 어깨를 톡톡 두드리며 나에게 말했다.

"야! 너 많이 늘었다. 오늘 아침 아주 멋졌어."

논리적이고 이성적인 게 좋다. 편하다. 하지만 항상 그렇게 살 필요는 없다는 것을 한 살 한 살 나이를 먹으면서, 아이를 키우면서 뼈저리게 느낀다.

아이와 엄마의 차이를 무엇으로 좁힐 수 있단 말인가? 피곤해서 더 자고 싶기에 학교 가기 싫다는 아이에게 대통령이 와서 얘기한들 먹힐 텐가(유튜버 허팝이 와서 이야기하면 달라질 것 같긴 하다)? 그저 아이의 마음을 헤아려 주고 엄마는 묵묵하게 하인 코스프레를 하면 된다. 입은 다물고 손만 부지런히 움직이면 된다. 그럼 아이는 더 이상 아무 말 없이 할 일을 한다. 무엇을 해야 하는지는 사실 누구보다 아이 스스로가 잘 알고 있다.

부모는 그저 믿으면 된다. 의심하지 않고 의심하는 티를 내지 않고 믿자. 믿은 대로 아이는 움직인다.

힘 빼는 육아 *Key Point!*

내 마음을 조금 여유롭게 내려놓아 봅니다. 조그만 아이가 엄마에게 칭얼대면 다행이라 생각해 보세요. 엄마라는 존재는 '그럼에도 불구하고' 괜찮다고 이야기해 줄 수 있는 다정한 존재입니다. 아이가 약한 모습을 보일 때 엄마가 원치 않은 행동과 말을 할 때도 "그래그래." 하고 엉덩이를 토닥토닥해 주며 응원해 보세요.

잔소리는 사랑 표현이 아닙니다

엄마들은 왜 잔소리를 하는 걸까? 사랑 표현이라고 하지만 아이들은 절대 그렇게 생각하지 않는다. 말 많은 사랑은 무조건 잔소리다. 어린 시절을 회상해 보면 잔소리하는 엄마는 딱 질색이었다. 모르는 말을 하는 것도 아니다. 하나부터 열까지 다 아는 소리다. 그러니 문제다. 그러다 혹 모르는 소리를 해도 맘에 안 든다. 그냥 엄마는 말을 안 하면 좋겠다고 생각했다. 어차피 아이는 안 들을 소리인데 왜 하는 걸까? 서로 힘만 빠진다. 그래서였는지 나는 아이에게 잔소리하지 않으려 했다.

우선 잔소리를 하면 엄마 얼굴이 못 생겨진다. 마음도 못생겨진다. 아이 마음도 못생겨지고, 아이 얼굴도 찌푸려진다. 그 모습을 보면 엄마는 또 화가 날 뿐이다. 악순환이다. 잔소리한다고 해서 한 번에 고쳐지지도 않고 문제는 여전히 반복된다.

아이가 필요성을 스스로 느끼도록 만든다

모든 집안의 숙제, 양치질 씨름이다.

아이가 아주 어릴 때에는 양치를 직접 해 주었다. 나이가 들어서는(유치원에 입학하고 세수나 샤워를 스스로 할 수 있을 때쯤) 그냥 두기도 했다. 양치는 어린이집에서도, 유치원에서도 스스로 하게 하니까 집에서도 스스로 못할 것은 아니었다. 다만 아이도 스스로 하기가 귀찮을 뿐이고 그 필요성을 스스로 못 느낄 뿐이었다.

나도 어릴 적 유난히 양치질이 싫었다. 사실 아직도 양치질이 귀찮은 날도 많다.

나는 이가 강하다. 양치질을 잘 안 해도 쉽게 썩지 않는 치아를 가진 행운아라고나 할까. 그래서 아직 치과에서 문제가 될 만큼 치료를 한 적이 없다. 살짝 때운 게 총 두 개 정도다. 아들은 유치다. 나이에 비해 이가 빨리 나지도 않았다. 아직 시간이 있었다. 그래서 잔소리를 안 했다. '언젠가 그날'이 오길 바랐다.

그날은 초등학교 1학년 초에 왔다.

"아야, 엄마 이가 너무 아파."

"그래? 어떻게 아파?"

"몰라. 이가 아파. 엉엉엉."

급기야 이가 아프다고 아들은 펑펑 울었다.

"엄마, 나 치과에 가야겠어."

치과에 가는 걸 좋아하는 아이가 세상에 어디 있을까? 그런데 지가 아프니까 자기 발로 치과에 가겠단다. 웃음이 나왔지만 꾹 참았다. 어찌나 제 몸은 제가 먼저 챙기는지 그것도 참 웃겼다.

엄마는 웬만하면 병원에 데려가지 않는다는 걸 아이는 알고 있었다. 내가 병원에 데려가지 않는 이유는 여러 가지다. 감기 때문에 병원에 간다고 해서 더 일찍 낫는 것도 아니고, 병원에 대한 나쁜 기억을 만들고 싶은 마음도 없고, 환자들 사이에 기다리고 있는 것도 비효율적이라 생각했다. 잘 나온 약국 약 먹여도 충분히 나을 때 되면 낳는다. 그래서 아들은 자기 스스로 느끼기에 병원에 가야 할 것 같으면 병원에 가야겠다고 말했다. 그럴 때면 바로 병원으로 향했다.

"그래? 그럼 내일 학교 마치고 바로 치과에 가자. 지금은 치과 선생님들도 다 집에서 쉬고 계셔서 문 연 치과가 없어."

저녁 시간을 훌쩍 넘긴 시간이었다.

"알겠어……. 엉엉엉."

그렇게 울면서 잠든 아들은 다음 날 치과에 가지 않겠다고 했다. 원래 치아는 저녁 시간에 제일 아픈 법이다.

"네가 아프다고 치과에 간다고 했잖아."

"아니야. 이제 하나도 안 아파. 안 가도 될 것 같아."

"그래. 알았어. 오늘 밤에 또 아파도 엄마는 책임 못진다. 밤 되면 지금이랑 달리 또 많이 아플지도 몰라."

"응."

아니나 다를까 그날 밤에도 아들은 아픔을 호소했다. 하지만 내 앞에서 그 전날처럼 엉엉 울지는 못했다. 아들도 스스로 알았던 것이다. 치과에 가지 않겠다고 한 것은 자기였으니까. 뻔뻔하고 무책임한 엄마라고 생각될지도 모르겠다. 하지만 내 변명은 유치하지만 나름대로 합리적이다. '그 이는 유치잖아. 어차피 빠질 이니까 괜찮을 거야'라고 생각했다.

다음 날 병원에 가야겠다고 아들이 또 이야기할 것이란 내 예상은 맞아떨어졌다.

"엄마, 내일은 꼭 병원에 가야 될 것 같아요."

"그래. 그러자."

그렇게 치과에 가게 됐고, 가자마자 엑스레이 사진을 찍고 진료받았다.

의사는 송곳니가 신경까지 손상됐기 때문에 마취를 해야 하는데 오늘은 안 된다고 했다. 많이 아플 거라서 아이에게 충분히 설명하고 동의를 받아 오면 치료해 주겠다고 했다. 의사가 다 그런지는 모르겠지만 참 마음에 들었다.

"아들, 의사 선생님 말씀하시는 것 들었지? 큰 주사기로 마취를 해야지 네가 덜 아프게 될 거라고 하시네. 이를 치료하려면 마취를 꼭 해야만 한대. 그런데 그 주사가 좀 아플 거야. 괜찮겠어?"

"응……."

그렇게 동의받고 다음 날 병원으로 향했다. 아들은 아픈 마취 주사도 잘 이겨 내고 치료를 잘 받았다. 그러고도 일주일 정도 매일 병원을 가야 했다.

보고 싶은 만화도 못 보고 진료받으러 가야 했고, 치료 후 한 시간은 음식물을 먹지 말라는 의사 선생님 말씀에 먹고 싶은 음식도 못 먹고 저녁을 한참이나 기다렸다 먹어야 했다. 침만 꼴깍꼴깍 삼키며 맛있는 저녁을 눈으로만 먹고 있는 아들이 안쓰러워 10분은 일찍 먹어도 괜찮을 거란 말을 했지만 오히려 눈총만 받았다. 선생님이 꼭 한 시간 있다가 먹으라고 하셨다고, 아직 한 시간이 안 됐다고, 약속을 잘 지키는 사람이 훌륭한 사람이란다.

'그래, 엄마가 그렇게 가르쳤는데 이제 와서 딴소리하다니 내가 미쳤구나. 미안하구나. 아들, 너 공무원 하면 딱일 거 같은데. 어디 세무서나 그런 데서 일하는 거 아닌가 모르겠다.'

엄마가 하면 잔소리, 전문가가 하면 정보

번쩍번쩍한 이로 다시 태어나는 날. 아들은 마지막 치료를 마치고 이를 헹구고 나오는 찰나였다. 수납을 도와주려는 간호사에게 얼른 가서 말씀드렸다.

"선생님, 아들이 양치를 잘 못하는 것 같은데요. 오면 양치질하는 법 좀 설명해 주실 수 있을까요? 부탁드릴게요."

"네. 어머니."

아들이 의사에게 인사하고 내 곁으로 왔다. 씩씩하게 치료를 잘 받은 아들에게 잘했다고 칭찬해 주고는 수납 간호사에게 함께 갔다. 간호사는 아들에게 양치의 필요성과 바르게 양치질하는 방법을 짧게 설명해 주었다. 아들은 전문가의 말씀에 눈이 초롱초롱해졌다. 그렇게 내 잔소리는 다른 사람의 도움으로 아낄 수 있었다.

아들은 이제 말하지 않아도 양치질을 엄청 잘한다. 여전히 나는 양치질하라는 잔소리를 늘어놓지 않는다.

'고맙습니다. 선생님.'

힘 빼는 육아 *Key Point!*

엄마는 행동 교정 전문가가 아닙니다. 잔소리는 절대 사랑의 표현도 아니고, 잔소리한다고 해서 아이들이 듣지도 않습니다. 경험상 아들은 더더욱 엄마의 잔소리에 좌지우지되지 않았습니다. 잔소리하는 부모의 마음은 알겠으나, 아이가 듣고 얼굴을 찌푸리면, 좋은 일이 뭐가 있겠습니까. 잔소리한다고 해서 한 번에 고쳐지지도 않고 그 일은 여전히 반복되는 악순환일뿐입니다.

아이 생각과 행동을 지지하세요

드라마를 보다가 필이 딱 꽂혔다. 남자 주인공의 아름다운 얼굴도 아니고 여자 주인공의 눈부심도 아니었다.

그건 다름 아닌 여자 주인공의 목걸이였다. 바로 검색에 들어갔다. 물론 그 목걸이 때문에 여자 주인공이 더 아름다워 보인 것은 아니었다. 그 여자가 하고 있으니 예쁜 거겠지……. 하지만 장바구니에 넣어 놓고 며칠이 지나도 목걸이는 내 눈에 아른거렸다.

여자 주인공처럼 목걸이를 받지 못하고 스스로 주문하려는 내 꼴이 참 처량했다. 그때 악마의 속삭임이 들렸다. 나는 곧 계획대로 실행에 옮겼다.

“아들, 엄마가 갖고 싶은 목걸이가 있는데 네가 사 줄래?”

그때 아들은 유치원생이었다.

“얼만데?”

“1만 원짜리 다섯 장만 있으면 될 것 같아.”

나도 사람인지라 전체 금액을 받기는 너무 미안했다.

“좋아. 내 용돈으로 사 줄게. 엄마.”

이건 벼룩의 간을 빼 먹는 일인가? 아니다. 엄마의 기쁨을 위해서 아들이 이 정도는 해 주지 못할 이유가 무엇인가? 카드 결제를 했고 택배가 왔다. 저금을 위해 따로 모아 둔 아들의 예비 저금 봉투에서 5만 원을 꺼내 아들에게 쥐여 주었다.

“아들, 이거 네 용돈이야. 엄마 목걸이가 방금 택배로 왔어. 이거야, 어때? 네 마음에 들면 약속한 대로 목걸이를 사 주는 거고 네 맘에 안 들면 엄마가 사는 걸로 할게. 어때?”

아들 용돈을 착취하는 엄마의 찔리는 마음을 누그러뜨리기 위한 마지막 전략이었다.

“예뻐. 자, 이거 엄마한테 줄게.”

아들 손에 쥐여 준 5만 원은 다시 내 손으로 들어왔고 그것이 처음으로 아들이 해 준, 마음에 꼭 드는 선물이었다. 물론 그전에도 유치원에서 만든 카드, 비누 등이 있었지만 이건 차원이 다른 선물이었다. 막무가내로 내가 우겨서 받은 선물이었지만 참 기분이 좋았다. 만나는 사람마다 내 목걸이는 칭찬받았고 나는 자연스레 아들이 선물한 것 이라고 팔불출처럼 자랑했다. 그렇게 그 기억은 어느덧 잊혀졌다.

아이가 주는 따뜻한 마음을 받는 행복함

아들이 유치원을 졸업하고 초등학교에 입학하고 난 어느 날 할머니 댁을 방문했다.

"할머니가 네 옷 사 놨어. 어때? 맘에 들어?"

"할머니, 맘에 들어요. 저도 할머니께 선물을 하나 하고 싶은데 뭐가 필요하세요?"

"응? 할머니 선물? 너는 그런 거 안 해도 돼."

"아니에요. 나는 엄마한테 목걸이도 사 줬는데요. 할머니한테도 사 드리고 싶어요."

"딸, 네 아들이 너한테 목걸이 사 줬다는데 이게 무슨 소리야?"

이 얘기를 듣고 있던 나는 전혀 이해가 안 된다는 표정으로 아들에게 물었다.

"무슨 목걸이?"

그 말이 떨어지기가 무섭게 무릎이 탁 쳐졌다.

"아! 맞아. 아들이 나한테 목걸이 선물했지."

잊을 뻔했던 그 목걸이가 그제야 선명하게 떠올랐다.

아들은 나에게 선물을 줬고 선물을 받고 좋아했던 내 기억보다 더 진한 기억으로 아이의 마음속에 저장돼 있었나 보다.

"할머니는 꽃이 좋은데……. 그럼 꽃을 선물 받으면 좋겠어."

"알겠어요. 할머니."

아이에게 선물하는 기쁨을 알려 주기

그러고 나서 얼마 뒤 할머니에게 호출받고 다시 할머니 댁으로 가는 차 안이었다.

"엄마, 가는 길에 꽃집에 들러야 할 것 같아요. 할머니 꽃 사 드리기로 약속했잖아요."

"아, 그래."

나는 또 잊고 있었다.

"엄마, 내 용돈에서 써도 되죠?"

엄마의 기쁨을 위해서 아들이 이 정도는 해 주지 못할 이유가 무엇인가?

"당연하지."

꽃집에 들러 화분을 구경하는 아들에게 말했다.

"아들, 네가 사 드리는 거니까 네가 고르는 게 좋을 것 같은데."

"할머니는 흰색을 좋아하니까 저걸로 할게."

꽃집 아주머니가 할머니들은 사실 흰 꽃보다는 화려한 색을 좋아하신다고 흰색이랑 분홍과 자주색이 섞여 있는 화려한 화분을 추천해 주었는데 아들은 흔쾌히 동의했다.

"할머니, 이거 할머니 선물이에요."

"어머……. 정말 예쁘네. 고마워."

화분을 받아 든 할머니 얼굴은 꽃보다 더 환해졌다.

다른 이에게 감동을 선물하는 아들은 어떤 사람이 될까? 받은 선물에 감동하는 우리의 초라한 기억보다 아들의 굳건한 기억은 분명 방부제만큼이나 오래가리라 생각된다. 몇 년째 방치된 목걸이를 찾아서 다시 목에 걸어 보았다. 겨울이었지만 스카프보다 더 따듯한 기운이 나를 감쌌다.

'너는 나에게 감동이구나. 살면서 감동을 주고받는 사이가 되도록 해 보자꾸나.'

힘 빼는 육아 *Key Point!*

부모와 자식 관계도 결국 인간관계입니다. 말없이 자식에게 바라고 괜한 실망을 하지 말고, 대놓고 바라고 대놓고 즐거워하면 어떨까요. 부모가 아이에게 무엇을 사 줘도 아깝지 않은 만큼, 아이도 부모에게 선물하며 아까운 마음이 들지 않는 마음을 키워 주세요. 아이가 다른 사람에게 주는 기쁨을 배우도록 넉넉한 사람이 될 기회를 주세요.

아이는 엄마를 보고 따라 합니다

1학년이 되면 학교생활이 어떻게 되는지 학교에서 근무해 보았기 때문에 잘 알고 있었다. 1학년 담임 교사 입장에서 알림장을 잘 확인하는 학부모가 가장 고맙다. 학교에 제출해야 하는 것들이 하루 걸러 수도 없이 나오기 때문에 그것들만 제때 잘 챙겨 줘도 참 감사하다. 물론 아이가 반듯하고 수업 시간에 집중하고 딴 친구들에게 방해 안 하고 시비 안 걸고……. 나열하면 끝도 없겠지만 알림장 확인은 필수다. 그래서 나는 알림장 확인은 꼬박꼬박 했다(진짜 이것만 했다).

아들은 행복학교로 지정된 학교에 다닌다. 아이가 아이답게 커

갈 수 있게 교사, 학부모, 교육청의 지원을 받는다는 장점이 있다. 반면, 아이가 상대적으로 공부를 덜 할 수 있는 우려도 있다.

아들은 또래에 비해 빠른 편이 아니다. 그렇다고 지능이 떨어지거나 하는 것은 아니고 지극히 평범하지만 순수한 아이 같다. 하나를 알려 주면 열을 아는 명석한 두뇌를 가지지도 않았고, 무엇보다 나는 무작정 공부를 시키고 싶지 않았다.

나는 아들이 공부를 잘하면 내 노후 자금이 줄어든다고 우스갯소리를 하는 웃기는 엄마다. 속마음은 물론 아들이 공부를 잘해서 좋은 대학 가고 유학도 가고 남들이 부러워하는 직장에 취직하면 당연히 좋겠지만 그 과정은 너무 길고 험난하다. 남들이 인정하는 훌륭한 사람이 되기보다는 마음이 따뜻하고 사람 냄새가 나는 아이가 되길 바란다. 행복한 아이로 키우고 싶다. 공부를 잘하는 것이 자신의 행복이라면 아이는 분명 그 길을 선택하겠지만 나의 욕심으로 아이의 성적을 요구하지는 않겠다.

아이를 향한 욕심 내려놓기

남보다 공부를 잘하기 위해서는 하고 싶은 것을 많이 내려놓아야 한다. 공부를 잘하려고 애쓰는 아이들은 학업 스트레스에 치여 행복과 먼 삶을 살아간다고 생각한다. 이렇게 오래도록 나의 내면과 대화한 결과, 나는 아이를 행복학교에 입학시키기로 하고 이를 위해 이사까지 했다.

아들의 학교에서는 1학년에 받아쓰기 시험을 치지 않는다. 2학년에도 치지 않는다. 참 좋다. 받아쓰기 필요의 유무를 이야기하는 것이 아니다. 다만 교사들은 아이가 학교에서 즐겁기를 바라기 때문이라 생각한다. 전적으로 동의한다. 아들은 학교 가는 것이 즐겁다고 했다. 그래서 나도 참 즐거웠다.

아침에 전교 학생과 교사들은 가까운 산으로 산책을 나선다. 봄이면 진달래를 따다 화전을 만든다. 학교 담을 아이들이 직접 계획하고 스스로 칠한다. MSG가 없다고 해야 하나? 모든 것이 담백하다.

입학식에는 6학년 아이들이 신입생을 하나하나 업어 주며 운동장을 도는 환영식도 해 주었다. 아들의 무게를 견디지 못한 6학년 학생이 비틀거리자 학교 교장 선생님이 직접 대신 아들을 들쳐 업고 운동장을 가로질러 주셨다. 이런 영광이 어디 있을까? 평생 교장 선생님과 대화 한 번 하기 힘들지도 모르는데, 게다가 나보다 더 날씬한 여자 교장 선생님이 주저 없이 아들을 들쳐 업고 운동장을 가로지르면서 함박웃음을 지으셨다(가문의 영광이다). 2학년들은 플래

카드를 직접 만들어 환영했다. 3학년들은 노래를 불러 주었나? 기억이 잘 나지 않지만 뭐 그런 식이다(학교 자랑을 너무 했나 보다).

그래서 아들은 받아쓰기 스트레스 없이 1학년을 보냈다. 그런데 문제는 일기 쓰기였다.

처음부터 일기 쓰기를 시키지는 않았다. 2학기가 시작하면서 일기 쓰기가 알림장에 등장했다. 숙제는 해야 하는 건데……. 그래서 열심히 일기 쓰기를 시켰다. 문제는 머지않아 생겼다.

"아들, 이건 이렇게 쓰는 게 아니야. 받침이 틀렸네."

내가 맞춤법을 검사하기 시작했다. 틀린 게 한두 개가 아니다. 당연한 거지만 그래도 숙제니까 잘해 가야 한다는 생각이 들었다. 아이는 스트레스를 받고 있었다.

그때 마침 담임 선생님은 반 전체 모바일 커뮤니티에 공지 글을 하나 올려 주셨다. '일기 쓸 때 하지 않아도 되는 것은요?'라는 제목이었다.

1. 제목
2. 맞춤법, 띄어쓰기, 그림
3. 엄마의 간섭

'아이들에게 일기 쓰기에 대한 부담을 주지 맙시다. 지금은 반듯한 형식보다 내용을 자발적으로 쓰는 것이 더 중요합니다. 맞춤법과 띄어쓰기는 점점 좋아질 겁니다.'

'오, 선생님 당신은 천사입니다.'

그렇게 나의 간섭은 끝이 났다.

"아들, 너는 참 좋겠다."

"왜?"

"이렇게 좋은 선생님을 만나서 말이야. 엄마는 너희 선생님이 너무 좋아. 정말 훌륭하시고 좋으신 선생님이야. 넌 정말 복이 많은 아이야."

"응. 나도 그렇게 생각해."

부모를 거울처럼 생각하는 아이

아이는 부모의 생각을 그대로 흡수한다. 특히 남에 대한 평가가 그렇다. 아이 앞에서 선생님을 흉보면 그 아이는 절대 그 선생님을 존경하지 않는다. 아이 앞에서 옆집 아주머니 뒷말을 하면 부모의 이중성을 보게 된다. 그러면서 앞에서는 웃으면서 인사하는 엄마를 보면서 거짓말과 가면을 쓰는 방법을 배운다. 그리고 똑같이 행동한다.

특별히 나는 선생님 칭찬을 많이 하는 편이다. 선생님은 아이의 눈빛만 봐도 안다. 이 아이가 정말로 나를 좋아하는지, 존경하는지, 무시하는지, 비난하는지를 말이다.

누구라도 마찬가지겠지만 받은 대로 돌려주는 것은 인지상정이 아닐까?

힘 빼는 육아 *Key Point!*

아이는 가끔은 엄마의 생각을 엄마보다 더 정확하고 빠르게 알아차리는 신비한 능력을 갖추고 있습니다. 엄마가 학교나 선생님을 흉보면 아이는 엄마의 그 모든 감정을 흡수하고 발전시켜 버립니다. 반대의 경우도 마찬가집니다. 엄마가 선생님을 인정하고 학교에 감사하는 마음을 가지면 아이는 행복해합니다. 엄마 마음이 홀가분해지는 육아는 평소의 엄마의 태도에서 비롯됩니다.

내 아이만큼은 내가 전문가입니다

독서 모임에서 그녀를 처음 만났다. 큰 눈망울에 서글서글한 그녀는 참 예뻤다. 똑 부러지는 모습도 자신의 생각을 표현하는 방식도 당돌했지만 예의 바르고 자신감이 넘쳤고, 때에 따라서는 겸손할 줄 아는, 소위 개념 있는 여자였다. 그녀와 같은 공간에 있다는 것만으로도 에너지가 생겼다.

내가 나이가 들면서 생긴 넉살과 인자한 뱃살을 빼면 그녀는 딱 10년 전 나의 모습이었다. 그녀의 모든 것은 참으로 빛났다. 시간이 좀 지나 전화번호를 교환했는데 그녀의 사진첩에 멋진 남자와 찍은 다정한 사진이 있었다. 그럼 그렇지. 남자 친구가 없을 리가. 사진을 찍은 날짜가 꽤 오래전이어서 이제나저제나 결혼하겠거니 생각했는데 몇 달이 지나도록 말이 없었다.

"자기, 결혼 언제 해?"

"언니, 저 결혼한 지 7년째예요. 사실 제가 조금 일찍 시집가긴 했어요."

"그래? 전혀 몰랐어."

그녀의 7년 전 결혼했다는 말을 듣고 또 한 번 낚였다는 배신감에 치를 떨었다. 요즘은 나이를 도통 알아볼 수가 없다. 관리만이 살 길이다. 죽을 때까지 다이어트는 전 국민의 숙제일 테다. 그렇게 우리는 천천히 서로를 알아가기 시작했다.

나이를 한 살 두 살 더 먹으면서 나는 상대가 아무리 마음에 들어도 굳이 빠르게 친해지려 하지 않는다. 오래 두고 보아도 좋을 사람을 빠르게 내 바운더리 안으로 욱여넣고 싶지 않아서다. 때가 되고 인연이 되고 서로의 에너지가 통하고 나면 친해질 수 있겠거니 하는 마음이랄까. 그래서 사적인 질문도 되도록 하지 않으려고 애쓴다.

결혼을 했는지, 애가 있는지, 남편은 뭐 하는지, 어디 사는지, 나이가 몇 살인지, 직장은 있는지? 뭐 그런 질문은 그 사람이 어떤 사람인지 아는 데 걸림돌이 될 뿐이었다. 단지 그 사람을 알고 싶은 거다. 그래서 그녀를 좋아했지만 왜 결혼을 안 하느냐는 질문은 몇 달이 흐르고 난 뒤 하게 됐다.

그러고 나서도 아이에 대한 질문을 딱히 하지 않았다. 그녀가 아무 말을 하지 않았기 때문이었고 분명 아이가 없을 것이란 나만의 촉이 있었기 때문이기도 했다. 주위에 결혼한 친구들이 얼마나 간절히 아이를 가지고 싶어 하는지도 잘 알았다. 동시에 얼마나 아이 가지는 것이 힘든지를 누구보다 잘 알고 있었기 때문일지도 모른다.

공손한 아이를 위한 말 교육의 필요성

그러던 어느 날, 친해진 그녀와 나, 그리고 아들은 함께 밥을 먹게 됐다. 아들과 함께 외출하면 나는 아들을 먼저 살피지 않는다. 위험한 환경이 아니고선 마주한 타인이 우선이 된다. 어른들의 대화를 들을 수는 있지만 함부로 말머리를 자르고 들어와서도 안 된다. 대화하는 나를 방해해서도 안 된다. 떼를 쓰거나 불편한 상황이 생기게 해서도 안 된다. 어떻게 보면 너무한 게 아니냐, 어린 아들이 무슨 수로 그 상황을 다 넘기느냐고 이야기할 수도 있지만 그게 내 방식이고 내가 키워 온 방식이었다.

어릴 때부터 시작된 말 교육이었다. 어른의 말은 경청해야 하며 말을 잘라서는 안 된다, 말대답은 해선 안 되는 것이다, 생각은 최대한 공손하고 분명하게 이야기해야 한다, 말꼬리를 잡아서는 안 되며 말끝을 흐려서도 안 된다, 눈물을 흘리며 이야기하면 아무도 너의 말을 들어 주지 않는다, 유머 있게 이야기할 수 있으면 좋다, 논리적이면 좋겠지만 그렇지 못한다 하더라도 감성을 건드리는 설득은 더 훌륭하다 등 강하게 이야기하는 독한 엄마였다.

꼬집어 이야기하진 않지만 어쨌든 제일 칭찬해 줄 수 있는 것은 아들은 절대 어른들의 대화를 방해하지 않는다는 점이다. 필요한 것이 있으면 눈빛으로 알리고 인내심을 가지고 기다릴 줄 안다.

화장실을 가고 싶으면 직원에게 화장실 위치를 묻고 스스로 행동한다. 필요한 것이 있으면 그것을 가져다줄 수 있는 사람에게 부탁한다. 엄마가 요청하면 잔심부름도 해 준다. 밥을 먹을 때는 핸드폰을 사용할 수 없다. 밥을 다 먹었고 어른들의 대화가 계속 지겹게 이어질 것 같으면 나름의 적절한 타이밍에 엄마에게 핸드폰을 요구할 수는 있다. 물론 당연히 나에게 언제나 거절당할 수도 있다.

며칠 뒤 그녀에게 전화가 왔다.

"언니, 우리 차 한 잔 해요."

"그럴까? 좋아."

그렇게 우리는 또 한 겹 가까운 사이가 됐다. 이런저런 이야기를 하다가 불쑥 그녀의 고백을 듣게 됐다.

"언니, 나 사실 언니 아들을 보면서 며칠 동안 많은 생각을 했어요. 언니처럼 아이를 키울 수 있다면 저도 아이를 낳아 볼 수 있을 것 같아요."

그녀는 난임이 아니었다. 일찍 결혼했고 남편도 아이를 가지고 싶어 했지만 그녀 스스로가 자신이 없었다고 했다. 임신의 어려움 때문이 아니라 임신을 결정할 의지가 약했던 것이었다. 아이를 키우면서 포기해야 할 것들이 너무 많아서 선불리 도전할 수가 없었다고 했다.

아이를 키우는 친구들과 주변인을 살펴봐도 딱히 부럽거나 롤모델로 삼을 만한 케이스를 발견하지 못했다고 했다. 아이가 있는 친구들은 늘 아이를 낳고 길러 봐야 한다고 한목소리로 이야기했지만 그녀들의 얼굴에 깔린 다크서클이 맘에 걸렸다고 했다. 다크서클은 아이가 커 가며 나아지기도 했지만 어두운 그늘은 사라지지 않았다. 무엇보다 아이를 키우며 엄마들이 행복해 보이지 않기에, 자신은 스스로 불행한 삶을 시작할 용기가 없었다고 했다.

그녀의 솔직한 이야기를 들으면서 고개가 끄덕거려졌다. 역시 그녀는 해 보지 않은 일인데도 핵심을 바로 알아차리는 명석함이 있었다.

그녀의 잔잔한 고백이 이어지고 나서 그녀는 환하게 웃으며 말을 이어갔다.

"그런데 언니는 도대체 어떻게 키우신 거예요?"

"말하자면 길어. 나도 아직 시행착오 중인 거고. 네가 먼저 해야 할 일은 방법의 문제는 아닌 것 같아. 이렇게 생각하는 것 자체가 어려운 일이니까. 분명 너는 나보다 훨씬 더 잘할 수 있으리라 믿어 의심치 않아."

내 자식은 내가 가장 잘 안다

아이를 키우는 일에 전문가는 있다. 아이 마음을 알아주고 치료하고 행동을 개선하고 더 나은 방향으로 인도해 줄 수 있는 전문가는 분명 있다. 그렇지만 내 자식을 잘 키울 수 있는 전문가가 세상에 어디 있을까? 아무리 많은 아이를 만나 봐도 정작 내 자식은 다를 수밖에 없지 않은가? 심리학을 전공한 박사도 수많은 내담자를 만나면서 그들의 내면세계를 꺼내 준다 하더라도 자신의 내면까지 샅샅이 파헤칠 수 없는 것과 같지 않을까? 그렇다면 분명 심리학자나 정신분석가가 세상에서 제일 행복한 사람이어야 할 테니까 말이다.

기혼 여성이 되고 보니 기혼 여성이 더 위대해 보인다. 보지 않고서는 무엇도 이야기할 수 없다. 하지만 분명 그녀는 누구보다 좋은 엄마, 행복한 엄마가 되리라 믿는다.

때로는 그냥 저질러 보는 것이 최고의 방법이 될 수도 있다. 이리저리 엉켜 버린 얇은 목걸이를 풀어내는 방법처럼 말이다. 아무리 요리저리 현미경을 들여다 놓고 과학적으로 분석한다고 해서 목걸이를 빨리 풀지는 못한다. 오히려 그냥 손바닥에 놓고 문지르고 풀어내고 또 맘대로 문지르다 보면 어느새 목에 걸 수 있는 형태가 나오기 마련이니까.

그녀에게, 나에게, 모두에게, 그런 행운이 오길 오늘 밤은 간절히 빌어 본다.

힘 빼는 육아 *Key Point!*

내 아이를 잘 키울 수 있는 사람은 내 아이를 가장 사랑하는 당신입니다. 스스로를 믿어 보세요. 엄마의 존재가 있다는 것에서 아이의 신뢰가 시작됩니다. 엄마의 존재만으로도 아이는 분명 더 빛나고 있습니다. 대신 빛나는 눈으로 아이를 바라봐 줍시다. 밤하늘에 빛나는 별을 째려보겠습니까. 웃으면서 별을 보면 빛이 날 수 밖에 없습니다. 별처럼 아름다운 아이를 향해 웃어 보세요.

2장

육아 고민을 덜어 주는 선택과 집중

미니멀 육아의 기술

바쁜 아침에는 3가지만 하면 됩니다

워킹맘의 아침 시간 1분은 피 마르는 10분이다.

머리는 항상 산발이요, 입으려는 옷은 왜 꼭 뭐가 하나씩 안 보이는 건지, 어제 입으려고 생각해 놓은 옷은 도대체 어디에 처박혀 있는 건지, 입어 보고 옷맵시를 신경 쓸 수 있는 여유 따위는 없다. 그저 손에 잡히는 것을 입을 수밖에……. 꼴이 어떤지 생각할 틈이 전혀 없다.

그런데 아들은 피 마르는 1분을, 아니 10분을 레고나 팽이를 조몰락거리는 데 쓰고 있다. 속에 천불이 나는 정도가 아니라 만불이 난다. 그런데 곰곰이 생각해 보니 작은 행복을 누리고 있는 아이에게 아침부터 폭탄을 퍼부어 봤자 모두가 피해자일 뿐이다. 아침에 일어나 아들은 자신이 제일 좋아하는 꼬부기 인형을 끌어안고 식탁에 앉는다. 지난밤 잠시 헤어져 있던 베이 블레이드를 그 쪼그만 손가락으로 만지작거리며 레고 피규어들을 식탁 위에 줄지어 세우고 바라보는 아들 눈은 별처럼 반짝인다.

잔소리를 퍼붓더라도 잽싸게 딴짓 없이 후다닥후다닥하게 만들고 싶은 것은 엄마의 욕심이었다. 이래라저래라 말해서 달라지는 건 아무것도 없었다. 나만 더 성질이 나고 아들은 기분이 상하고 그 기분으로 헤어지면 마음이 쓰리고 막 미안해진다. 아이를 그렇게 보내고 나면 나는 '나쁜 엄마'라는 죄책감에 사로잡혀 하루 종일 마음이 불편하다. 점심도 거른다. 퇴근길 차 안에 앉아 또 반성한다. 때로는 스스로 미쳤다고 욕하고, 그러다 울고, 그러나 저녁에 집에 와서는 또 성질내고 또 미친 사람이 된다. 성질내고 반성하고, 또 와락 성질내고 '아뿔싸' 하고 반성하고……. 이건 뭐, 도대체 뭐냔 말이다.

'기존의 일과를 버리자. 화를 내지 말자. 잔소리도 습관이고 화도 습관이고 다 습관이다. 내 입을 닫는 습관, 못 본 척하는 습관, 이해하는 습관을 가지자.'

그렇게 마음을 다잡고 시작된 아침 시간에 나는 아들을 위해 딱 세 가지만 하기로 했다.

1. 밥 먹이기

초등학생의 아침밥은 중요하다. 유치원생과 초등학생은 전혀 다르다. 유치원은 오전 간식을 주는 초등학교에는 4교시 이후에 밥을 먹는다. 학교의 크기에 따라 사정이 다르고 학년에 따라 급식 시간이 달라지지만 초등 저학년들은 대개 열한 시 반에서 열두 시 반 사이쯤에 점심시간이 진행된다. 그때까지 아이들은 서너 시간 정도 수업을 해야 한다. 중간 놀이 시간, 쉬는 시간도 있고 오전에 체육 시간이 있다면 40분 내내 뛰어다녀야 할 경우도 있다. 그렇다면 아이의 배는? 아침부터 아무것도 먹지 않고 쫄쫄 굶으면 그날 수업은 한마디로 꽝이다.

우리가 어제 저녁부터 다이어트 때문에 밥을 굶고 다음 날 일어나 아침도 굶은 상태에서 회사에서 중요한 보고서를 만드는 중이라고 생각해 보자. 열두 시 점심시간이 얼마나 기다려질지 상상되는가? 아이는 우리가 느끼는 그 상태보다 더한 배고픔을 느낄 것이다.

수업 시간에는 무엇보다 뇌 활동이 중요하다. 그리고 뇌의 영양분은 탄수화물이다. 탄수화물, 즉 밥이 들어가지 않는다면 아이의 뇌는 더 이상 활동할 수 없어 멈춰 버리고 만다.

학습과 아침밥은 떼려야 뗄 수 없는 관계다. 그래서 아침은 화려하거나 맛있지 않아도 된다. 탄수화물 섭취만 중요할 뿐. 아무런 반찬 없는 미역국밥이나 흰 국물 밥이 아들에게는 최고다. 밥 먹으라 소리 지르지 않아도 한 그릇 뚝딱이다. 이 국그릇은 다시 찬장에 도로 넣어도 될 만큼, 반짝거리는 새 그릇으로 되돌려 놓고 간다. 그 힘으로 열심히 뛰어놀기를 바랄 뿐이다.

밥 먹고 꼭 양치하라고 잔소리하지 않는다. 뭐 점심 먹고 양치하겠지. 아침부터 양치하라고 실랑이해 봤자 피 같은 1분이 눈물의 10분이 될 수 있다는 것을 경험으로 깨달았기 때문이다.

2. 얼굴 씻기기

밥을 차려 주고 나서 두 번째로 내가 하는 일은 아들의 얼굴을 씻겨 주는 것이다.

사실 아침 세수는 할 일이 없다. 저녁에 샤워하고 자는 일이 대부분이기도 하고 희한하게 아들은 눈곱이 거의 없다. 자면서도 생긋거릴 일이 많은가 보다. 안구가 촉촉해서 눈물이 필요 없나? 하여튼 부러운 게 한두 개가 아니다 (제일 부러운 것은 그 녀석의 부드럽고 티 없는 피부다!). 내 눈은 말라 버려 인공 눈물이 필요하고 렌즈도 안 쓰는데 뻑뻑해서 눈에 에센스를 처바르고 싶은데 말이다.

암튼 세수라면 아들 혼자서도 거뜬한데 문제는 머리카락이다. 지난밤 아들은 샤워하고 이내 잠자리에 들었다. 좀 덜 마른 머리카락 때문에 아침에 눈을 뜨면 유명한 조형 미술가가 만든 난해한 작품들이 머리 위에 솟아 있다.

아들에게 머리카락 정리를 시켜 보니 택도 없다. 머리카락 뿌리까지 물을 적당히 묻혀 머리카락이 솟아난 방향 자체를 돌려 줘야 하는데 아이 입장에서 그게 당연 어려웠다. 뭐 까짓것 엄마가 한다. 딸의 머리 땋아 주는 것도 아닌데 뭐 이 정도는 껌이지. 그렇게 머리 물칠을 꼼꼼히 해 주고 타월 드라이로 머리칼을 쓱쓱 밀어 준다. 옷이 젖지 않게 수건으로 목을 감싸는 것은 필수다.

3. 선크림 발라 주기

그러고 나면 아들은 가방을 메고 현관으로 간다. 이제 엄마가 할 마지막 일은 바로 선크림을 발라 주는 것이다. 선크림을 바르는 이유는 아들은 눈코입으로 승부가 나지 않는 얼굴이라서 피부라도 보호해 줘야 할 얼굴이기 때문이다. 그래서 나는 스틱형보다는 약간 환하게 보이는(화장빨 나는) 크림형을 좋아한다.

하루 종일 바깥에서 뛰노는 아들에게 아침에 달랑 한 번 발라 주는 선크림이 무슨 어마한 효과가 있겠냐마는 안 하는 것보다 낫다(얼굴 균형과 배합이 부족하면 이렇게 반짝이게라도 해 줘야 한다는 데에 죄책감이 들기도 한다. 그럼에도 매일 집을 나서는 아들에게 너는 어떻게 이렇게 잘 생겼냐고 이야기하지만 말이다).

밥 먹이기, 머리 정리하기, 선크림 바르기는 사실 뇌 깨우기, 까치집 제거하기, 얼굴 뽀얗게 만들기가 목적이다. 그래서 딱 이 세 가지만 하기로 했다. 그로써 피 같은 아침 시간의 팽팽한 긴장감이 많이 줄어들었다.

나는 내가 할 일만 해 주면 그만이기 때문에 잔소리할 일이 없어진다. 나머지 일들은 다 나의 책임도 의무도 아니다. 옷을 입는 것도 양말을 신는 것도 가방을 챙기는 것도 우산이나 장화를 신는 것도 월요일에 실내화를 챙기는 것도 내 일이 아니라 아들의 일이다. 나는 내 일만 하고 내 일만 신경 쓰면 된다.

아들이 미꾸라지처럼 빠져나간 집.

현관문이 닫히는 걸 보고 고개를 스윽 돌려 보니 거실, 화장실, 식탁이 한눈에 들어온다. 여전히 오늘도 집 안 꼴은 똑같이 변함없이 엉망진창이다. 아수라장 집 안 꼬라지를 확 다 덮어 버릴 수 있는 큰 천을 하나 사면 어떨까? 때 타지 않는 회색으로 사야겠다. 검은색은 먼지가 너무 많이 보이고 흰색은 금방 빨아야 하니까.

힘 빼는 육아 *Key Point!*

매일 아침 정해진 습관을 만드세요. 그러면 아침 1분을 10분처럼 쓸 수 있습니다. 바쁜 아침에는 밥 먹기, 얼굴 씻기, 선크림 바르기 등 습관을 최소한으로 해야 합니다. 매일 아침이 너무 분주하고 준비하는 시간이 오래 걸린다면 3가지만 정하세요. 3개의 습관이 완성되면 하나씩 늘려 가면 됩니다. 욕심은 금물! 미니멀 육아의 시작은 마음을 가볍게 먹는 것에서 시작합니다.

텔레비전도 조절하면 괜찮습니다

텔레비전은 나쁘다? 진짜 나쁠까? 사람들은 보통 텔레비전이 나쁘다고 이야기한다. 전문가들도 좋지 않다고 이야기한다. 과하면 나쁘다고 한다. 과하면 좋은 것이 세상에 어디 있을까? 다 똑같다. 책도 과하게 읽으면 나쁘다. 그렇지 않은가?

아이들 키우면서 거실에 텔레비전을 없애고 서재로 바꾸는 집도 많이 늘었다. 처음에는 나도 서재로 만들 생각이었다. 그런데 아들 하나밖에 없는 상황에서, 더구나 엄마가 계속 아이와 놀아 줄 수 있는 형편도, 체력도 되지 않는 상황에서 절레절레, 서재는 말도 안 된다고 결론을 내렸다.

'뭐 어때? 아이에게 세상을 보여 주는 것이 나쁜 일인가? 그런데 스폰지밥은 정말 나쁜 것일까?'

스스로에게 당당한 이유를 제시했다. 그래도 스폰지밥에는 궁금증이 생겼다. 전문가들의 이야기를 찾고 읽고 듣고 다른 엄마들과 의견을 나누면서 많이 고민했다. 스폰지 밥에 관해서는 누구도 선뜻 확실한 대답을 제시하지 못했다. 그래, 내가 한번 보자. 그 길로 나는 아들과 함께 앉아서 스폰지밥을 시청하기 시작했다.

전문가는 아이와 함께 텔레비전을 시청하길 권했고 함께 이야기를 나누는 것이 도움이 된다고 했다. 나는 애니메이션을 그다지 좋아하지 않기도 했지만 처음에는 정말 재미가 없었다.

"아들……. 이게 재밌어?"

뉘앙스는 상상에 맞기겠다. 그 상상이 정답이다.

"응. 재밌는데."

"왜?"

정말 순수한 의도로 물었다.

"그냥. 모르겠는데."

"아……. 그래?"

이해를 못 하겠다는 마음을 버렸다. 그냥 봤다. 그런데 보다 보니 재미있었다.

드라마가 교훈적이라서 보는가? 재미있어서 본다. 왜 재미있는가? 그냥 재미있다.

멍 때리고 텔레비전만 보면 물론 문제가 있다. 오랜 시간 텔레비전만 보면 물론 문제가 생긴다. 뭐든지 아무리 몸에 좋은 것도 그것만 먹다 보면 몸에 무리가 생긴다. 적절한 관리, 절제만 하면 그것이 그렇게 나쁜 것일까? 적어도 나에게는 텔레비전은 오케이다(민감한 문제인데 너무 쉽게 이야기한 거 같다).

시간을 정하고 텔레비전 보기

유치원 등원이 열 시이던 시절에는 아침에도 텔레비전이 오케이였다.

아침잠이 유독 없는 아들은 아침잠이 많은 나를 많이 배려해 주었다. 일찍 일어나서 장난감을 가지고 놀다가 심심하면 나에게 와서 물었다.

"엄마, 나 텔레비전 봐도 돼?"

"응. 봐."

그렇게 아침 텔레비전은 시작됐다. 나의 아침잠과 바꾼 좋은 녀석이었기에 감사했다.

아들이 초등학생이 되도 이 생활은 반복됐다. 제일 좋은 것은 경험이라고 생각했기에 입을 꾹 다물었다. 네가 초등학생인데 이제 그렇게 하면 안 된다고 말하고 싶었지만 꾹 참았다. 아이는 아침에 텔레비전을 켰고 텔레비전을 봤다. 당연히 여덟 시 반까지는 학교에 가야 하는 빡빡한 아침 일정에 텔레비전은 사치였다.

"우리가 아침에 텔레비전을 보는 것이 맞을까?"

"아니."

"그럼 어떻게 해야 할까?"

"학교 가는 날 아침은 텔레비전을 안 봐야 해요. 그런데 학교 가지 않는 날은 봐도 될 것 같아요."

"그래, 좋은 생각이구나."

그렇게 초등학교 입학 후 텔레비전은 자기가 절제하는 쪽을 선택했다.

내가 하지 말아야 할 이유를 설명하거나 설득하려고 했다면, 강압적인 방법으로 무조건 안 된다고 이야기했다면 이런 결과가 생겼을까?

그러길 몇 주가 흐르고 학교에 안 가는 주말 오전이었다. 약속대로 아이는 오전에 일어나서 텔레비전을 틀었다.

그런데 하루 종일 텔레비전에 넋 놓고 앉아 있는 녀석을 보자니 속에서 천불이 일었다. 솔직하게 내 심정을 이야기했다.

"아들, 엄마가 학교 안 가는 날에는 오전에 텔레비전 봐도 된다고 했는데 그러고 보니 네가 하루 종일 텔레비전을 보는 것 같네. 하루 종일 텔레비전을 보는 것이 좋을까?"

"아니…… 요……."

"주말 오전 시간에는 엄마도 조용히 책도 보고 음악도 듣고 여유롭게 커피도 마시고 싶은데 텔레비전 소리 때문에 그러기가 힘들어서 속상해."

"그럼 내가 점심 먹고 나서 텔레비전을 보는 건 어떨까요?"

"정말? 진짜 그렇게 해 줄 수 있겠어?"

"당연하죠."

"그래, 그렇게 해 주면 참 좋겠다. 고마워. 아들."

"점심은 열두 시에 먹는 거지요? 학교에서는 열두 시에 점심을 먹거든요."

"그래, 점심 식사가 늦어질 수도 있지만 아무튼 열두 시 이후에는 텔레비전을 틀어도 되는 걸로 정하자."

그렇게 주말 오전 시간은 텔레비전이 없는 조용한 시간이 됐다.

무조건 안 되는 것은 없다. 어릴 때 나를 생각해 봐도 참 많이 봤다. 엄청나게 봤다. 그래서 이제는 텔레비전이 그다지 좋지 않다. 드라마도 스케일이 큰 작품이 아니면 잘 보지 않는다. 왜냐하면 수십 년 보아 왔기에 웬만한 드라마는 내용이 어느 정도 예측되기 때문에 재미가 떨어진다.

'그래, 질릴 때까지 스폰지밥을 보는 거야. 그럼 너도 언젠가는 질리겠지? 수도 없이 만화를 보면 교훈을 얻을 수도 있겠지. 스토리 이해력도 생기겠지?'

그리고 무엇보다도 스폰지밥 무한 시청 뒤에 숨은 나만의 계략이 있다.

영어를 공부하기로 마음먹게 되는 날(그날이 오지 않으면 어쩌지 걱정도 되지만 믿어 본다), 나는 아들에게 〈스폰지밥 네모바지〉 영어 DVD를 선물할 생각이다. 오직 그것만 보여 줄 계획이다. 수십 번을 봤으니 우리말로 내용을 줄줄 꿰고 있을 테고, 이전 장면, 다음 장면까지 줄줄 외우고 있을 테니 영어로 봐도 줄줄 이해할 수 있지 않을까? 그렇게 영어를 공부하면 뭔가 빨리 깨우치지 않을까 싶다.

나는 영어를 시트콤으로 배웠다. 죽어라 〈프렌즈〉와 〈섹스 앤드 더 시티〉를 돌려 보면서 영어 공부를 했다. 그것이 제일 재미있었으니까. 그래서 말하는 영어를 구사할 수 있었다.

그 계략이 때가 돼 성공할지 실패할지 아직은 모르겠다. 뭐 그때가 되면 알게 되겠지?

많이 봐라, 아들. 엄마 맘 변하기 전에…….

힘 빼는 육아 *Key Point!*

아이에게 텔레비전을 볼 수 있는 시간을 정하고 그 시간에만 볼 수 있도록 허용하세요. 이미 아이에게 텔레비전을 보는 시간을 충분히 주어 오히려 줄여야 한다면, 줄여야 하는 만큼 시간을 합의하세요. 저희 아들은 학년이 올라가면서 유튜브 보는 시간을 줄이는 것으로 합의를 보았습니다. 절제와 약속 지키는 아이가 되는 것도 부모 하기 나름입니다.

중독되지 않는 선에서 유튜브를 허락하세요

'아이들이 휴대폰 하는 걸 죽어라 막지 맙시다.'

4차 산업시대의 인간을 분석한 책 《포노 사피엔스》에서 주장하는 내용이다. 나 또한 동의한다. 내가 태어날 때부터 텔레비전이 있었고 엄마는 나를 막지 못했다.

어린 시절의 나를 떠올리면 나는 텔레비전 중독자였다. 온갖 방송을 다 봤다. 그중 제일 재밌었던 것은 역시나 드라마였다. 심은하가 초록 눈을 하고 나오는 〈M(엠)〉을 보며 공포를 배웠고 〈전설의 고향〉을 동생과 함께 보며 우애를 나눴다. 〈주말의 명화〉를 엄마와 함께 보며, 키스를 한다고 아기가 생기는 게 아니란 걸 알게 되었다. 엄마는 화끈하게 아무런 은유법도 쓰지 않고 정확한 단어로 짧게 아기가 생기는 과정에 대해 성교육을 해 주었다. 우리 엄마는 아주 쿨한 신여성이었던 걸까? 아니면 나의 모자란 이해력을 배려하기 위함이었을까? 그날 밤 적잖은 충격에 잠을 설쳤다. 지금 생각하면 그 방식이 꽤 맘에 들었고 엄마가 대단하고 생각한다.

어쨌든 미디어의 도움으로 나는 인물의 감정선에 관해 더 자세히 알게 되었고 전개 과정이 어떻게 이루어지는지도 알았다. 데이트할 때는 무슨 옷을 입어야 하는지도 배웠고 사람에게는 각자 인생의 굴곡이 있다는 것도 알게 되었다.

아이를 생각하게 하는 질문법

드라마를 많이 보니 이제는 잠시만 봐도 이 드라마가 망할지 말지 정도도 알게 되는 능력도 생겼다. 고로 나에게 텔레비전 시청은 이익임이 분명했다. 하지만 유튜브는 다르다. 짧은 시간 동안 압축해서 보여줘야 하고, 인기를 얻는 것을 기반으로 하기 때문에 자극적이고 단순 재미만을 추구하는 경우가 많다. 걱정 끝에 아이에게 이렇게 말을 던졌다.

"아들, 엄마는 네가 유튜브를 이렇게 보는 게 옳은 일인가 하는 생각이 들어. 얼마 전에 뉴스 봤지? 그 애 엄마 아빠가 피시방에서 게임만 하고 그래서 그 집 애 어떻게 됐는지 알지?"

계획적이었다. 흠칫 놀라는 척하며 휴대폰을 보다가 아들의 주의를 끌고는 뉴스 기사를 읽어 줬다. 물론 여기서 끝이다. 한 번에 많은 정보는 아이에게 결국 잔소리가 된다. 스스로 생각할 수 있는 시간과 기회를 주어야 한다. 타이밍이 무엇보다 중요하다.

"응. 알아. 결국 죽었잖아. 난 죽기 싫어."

공포를 조장하는 치사한 행동이라고 이야기해도 어쩔 수 없다. 그래서 엄마의 말을 받아주기 쉬운 좀 더 어린 나이에 교육하는 것이 필요하다. 물론 이 타이밍은 아이에 따라 다르다. 너무 충격적인 공포를 조장하지 않는 것도 중요하지만 너무 늦은 시기에 이야기해도 아무 소용이 없다. 경험으로는 초등학교 1~2학년이 적당한 듯하다. 이때 주변에 아이에게 진실을 알려줄 형이나 언니들이 없는 청정 지역에서 대화를 해야 한다. 자칫 머리가 큰 아이들이 우리의 대화를 엿듣고는 콧방귀를 낄 수 있기 때문이다. 그랬다간 한순간 모든 것이 수포로 돌아간다.

"그럼, 어떻게 해야 할까?"

잔소리하지 않겠다는 내 의지에 힘을 실어 준 문장은 다름 아닌 이 질문이었다. '그럼 어떻게 해야 할까? 넌 어떻게 생각해?' 나의 의견을 피력하기 전, 이렇게 아이의 생각을 먼저 물어본다. 물론 처음부터 쉽지 않았다. 하지만 그것 또한 내 습관이 되었다. 아이를 위해서라기보다 나를 위해서였다.

"음……. 선생님도 중독은 나쁜 거라고 했어. 나는 절대 중독되지 않을 거야."

학교는 좋은 곳이다. 선생님들은 모두 훌륭하시다. 내가 힘쓰지 않게 이미 중독에 관해 알려 주셨단다. 덕분에 일이 쉬워졌다.

"그래도 유튜브 보는 걸 네가 좋아하니까 엄마가 허락해 줄게."

계략이 시작되었다. 밑밥은 충분하다. 이제부터가 본 게임이다. 아들은 전혀 의심하지 않고 먹이를 덥석 물었다. 아이의 행복한 표정을 확인한 뒤 나는 말을 이어 나갔다.

"유튜브를 보려면 일단 네가 해야 할 일을 해야 해. 학교 갔다 와서 네가 할 일이 뭘까?"

또 묻는다. 절대 이래라저래라 하지 않는다. 처음에는 이 질문 놀이 따위에 미칠 것 같았다. 그냥 내가 화끈하게 말하면 끝나는 대화에 익숙해서였을 거다. 그런데 말하는 방식을 바꾸고 나니 확연하게 좋은 점이 있었다.

엄마가 홀가분해지는 협상

첫 번째는 아이가 생각하는 시간을 가진다. 고로 자립적인 아이, 똑똑한 아이, 자신의 의견을 이야기하는 아이가 된다. 그런데 이것보다 더 좋은 게 있다. 그건 바로 '내 에너지 줄이기'이다.

잔소리할 때를 생각해 보자. 핏대가 올라가고 인상이 구겨지고 뒤통수로 KTX가 훅 하고 지나간 느낌이다. 이때 쏟아내는 에너지는 화력발전소와 흡사할 듯하다. 우리 아파트를 밝히고도 남을 만한 짧고 강렬한 에너지가 지나간 뒤 나는 방전된다. 그리고 슬프다. 그런데 더 괴로운 일은 이런 일은 늘 반복된다는 거다. 똑같은 말을, 똑같은 타이밍에서, 똑같은 어조로, 늘 똑같이 지겹게 되풀이한다는 점이다. 게다가 청자가 되어야 할 녀석의 귀는 찰흙으로 꼼꼼하게 막혀 있었다. 그럴수록 내 소리의 압력 때문에 뒷목이 뻐근하고 눈가가 떨렸다.

"음……. 씻고, 수학 문제 10장 풀기?"

내 눈치를 보며 슬쩍 답을 한다. 아들의 대답 또한 습관의 힘이다. 우리는 수학 문제집을 풀어야만 유튜브를 볼 수 있다는 법칙을 만들어 냈다. 물론 숙제 또한 당연한 이야기다. 네가 먼저 해야 할 일, 즉 의무를 다 해야지만 권리를 행세할 수 있다는 이치다.

수학 문제집에 관해 이야기하자면 할 말이 많다.

1학년 수학보다 5학년 수학이 어렵다. 고로 1학년 수학 1장을 풀어내는 시간과 5학년 수학 1장을 풀어내는 시간은 다르다. 그렇다면 수학을 어떻게 스스로 공부시킬 수 있는가? 방법은 간단하다. 1학년에는 수학 학습지 10장을 풀게 하고, 2학년에는 8장을 풀게 한다. 이런 식으로 총 풀어야 하는 장수는 줄어든다. 하지만 학년에 올라가면서 유튜브를 볼 수 있는 시간도 줄어든다. 수학 문제집의 장수와 미디어의 가용 시간이 함께 줄어드는 것이다.

"좋은 생각이네. 그럼 네 말대로 샤워를 다 끝내고 (저녁을 먹은 이후) 문제집을 다 풀고 네가 보고 싶은 영상을 보는 걸로 할게. 대신 네가 이 모든 걸 다 해도 유튜브 보는 시각은 7시 반이고 9시에는 무조건 꺼야 하는 게 법칙이야."

법칙을 정할 때는 7할이 아이 관점에서 3할은 좀 더 똑 부러지게 내 입장을 이야기한다. 협상의 시작이다. 이렇게 시작된 법칙은 점점 학년이 올라가면서 변화를 주면 된다. 7시 30분에서 7시 40분으로 7시 50분으로 시간을 점점 줄인다. 이미 작전에 휘말린 녀석은 알았다며 고개를 끄덕일 뿐이었다. 5학년에 된 지금은 7시 50분에 유튜브를 볼 수 있고 수학문제집은 10장이 아닌 10바닥이 되었다.

아마 내년에는 8시에 유튜브를 볼 수 있을 듯하고 풀어야 할 문제집은 8바닥이 되지 않을까 생각해 본다. 중학생이 되면 어쩌지? 그때는 그때 가서 생각해야 할 것 같다. 사춘기 아이는 또 다를 테니까.

힘 빼는 육아 *Key Point!*

아이들이 커 가는 세상과 환경을 막을 수 없듯이 유튜브를 무조건 막을 수는 없습니다. 하지만 이때 꼭 신경 써야 하는 점은 중독되지 않도록 절제를 알려 주고 환경을 조성하는 일입니다. 그러려면 아이가 스스로 생각하는 시간을 갖도록 하세요. 잔소리로 똑같은 말을, 똑같은 타이밍에서, 똑같은 어조로, 늘 똑같이 지겹게 되풀이 하지 말고, 아이가 생각해서 말할 수 있게 하세요. 아이들도 절제해야 하는 이유에 대해 잘 알고 있습니다. 방법을 모를 뿐이지요.

한 달에 한 번은 단 음식도 괜찮습니다

"아들, 뭐 먹고 싶은 것 없어?"

"도넛이요."

"그래. 좋아."

사실 나는 살찌는 음식들을 아주 사랑하는 여자다. 피자, 치킨, 햄버거, 아이스크림, 과자, 도넛, 콜라 등등 살찌는 모든 음식을 사랑한다. 너무 맛있다.

아들이 도넛을 먹고 싶다고 하면 아들을 위하는 척하면서 한 팩을 산다. 퇴근 후 시간에는 비교적 저렴한 가격으로 살 수 있어서 기분 좋게 불필요한 사치를 하기도 한다. 사실 열 개를 누가 다 먹느냐 하면 아들이다. 내가 도넛을 좋아하긴 하지만 실제로 먹는 도넛은 그날 저녁 하나, 다음 날 하나 정도. 최대한 절제한다.

대신 아들은 계산하고 나오면서 하나, 집에 가서 두 개, 자기 전에 하나, 다음 날 일어나서 두 개, 뭐 그렇게 해치우신다. 도넛은 달곰하고 촉촉하고 맛있다. 그렇지만 그렇게 둘 순 없다. 비만은 모든 것의 적이다.

"그런데 엄마가 걱정이 있네. 도넛이 맛있기는 한데 이렇게 한꺼번에 많이 먹으면 어떻게 될까?"

"뚱뚱해지겠지요?"

"뚱뚱해지고 싶어?"

"아니…… 싫어요."

"그러면 한 번에 열 개씩 사지 말고 한 번에 한두 개만 살까?"

"히잉…… 아니요……."

"그러면 어떻게 하면 좋을까?"

"한 달에 한 번만 사 먹을까요?"

"그래. 그러면 도넛은 한 달에 한 번이다."

"네."

규칙을 같이 정하면 아이는 납득한다

그렇게 도넛은 한 달에 한 번으로 정해졌다. 그러면서 자연스럽게 아이스크림도 피자도 햄버거도 치킨도 한 달에 한 번으로 정해지게 됐다. 그렇다고 매달 이 모든 종류를 다 먹는 것은 아니다. 적당히 음식을 절제하는 훈련을 하고 싶었다.

아이도 피곤하거나 지치는 날은 달달한 게 당길 테다. 그렇다고 매번 그런 음식을 먹게 할 수도 없고 지금은 되는데 다음엔 안 되는 것을 매번 논리적으로 설명할 에너지도 없고 실랑이하고 싶지도 않기 때문에 만든 법칙이다.

도넛처럼 단 음식도 아이가 먹고 싶다고 하면 한 달에 한 번이라는 유효한 날짜 안에서는 이유를 불문하고 오케이다. 하지만 지난주에 먹었는데 다시 이번 주에 먹을 수는 없다. 물론 그게 한 달 날짜에 해당하면 된다(한 달의 개념은 무조건 1일에서 마지막 날까지다).

그렇게 도넛과 아이스크림 전쟁은 원원하는 방법을 찾았다. 그러고 나니 한 달을 까먹고 지나치는 날도 있고 먹는 횟수도 예전보다 줄어들었다. 그런데 진짜 문제는 내 뱃살은 줄어들 생각을 안 한다는 거다. 마음이 쓰리다. 나이가 드니 적게 먹어도 살은 더 찌는 그런 몸뚱이가 돼 간다…….

도넛처럼 단 음식도 아이가 먹고 싶다고 하면 한 달에 한 번이라는
유효한 날짜 안에서는 이유를 불문하고 오케이다.

힘 빼는 육아 Key Point!

한 달에 한 번 아이가 먹고 싶어 하는 음식을 정해서 먹도록 하는 것도 좋습니다. 아이스크림, 피자, 햄버거, 치킨 등 한 달에 한 번으로 횟수를 정해 주세요. 아이에게 너무 제한하지 않고, 적당히 풀어 주면 음식을 절제하는 훈련을 할 수 있습니다.

하루에 단 15분만 놀아 줘도 됩니다

아들이 유치원에 다닐 때였다.

워킹맘의 삶은 너무나 고달팠다. 아이와 함께 출근하고 퇴근하고 아이에게 밥을 차려 주고 나면 텔레비전은 나에게 너무 고마운 존재였다. 아이에게 텔레비전과 스마트폰을 안겨 주지 말라고 말하는 수많은 전문가의 진의를 잘 알고 있다. 하지만 이렇게 외치고 싶다.

"흠……. 선생님이 아이들 키우실 때는 지금처럼 이렇지 않았어요. 그때는 정규 방송에만 만화가 나왔고요. 스마트폰에 유튜브에 이런 정신없는 것들이 존재하지도 않았던 시절이잖아요. 저도 그

때 아이를 키운다면 분명 그렇게 할 수 있을 것도 같아요."

현실은 녹록지 않고 내 몸은 축축 처져만 갔다. 물론 과도한 시청은 중독 현상을 일으키고 가족 간의 대화를 단절시키고 아이의 정서에 방해가 되고……. 잘 알고 있지만 그러면 안 된다고 생각하며 보여 줄 수밖에 없는 환경에 처한 수많은 한국 엄마는 화병 덕에 암에 걸릴 지경이란 말이다.

놀아 줄 수 있는 만큼 시간 정하기

집으로 돌아가면 그렇게 육아를 텔레비전에 맡겨 놓고 나는 책을 읽었다. 그 시간이 아니면 읽을 수가 없었다. 여전히 독서는 나를 가장 편안하게 만들어 주는 휴식 활동이기도 했다. 그런데 책에서는 계속 아이와 놀아 주라 말한다. 그런데 아이랑 노는 건 딱 두 가지로 나뉜다. 첫 번째는 힘들고 두 번째는 재미없다. 수준도 다르고 흥미도 다르고 오직 사랑하는 마음으로 아이에게 집중하는 것은 하늘의 별 따기였다. 그래서 치사한 나는 잔꾀를 내기 시작했다.

'그래, 더도 말고 덜도 말고 딱 15분이야. 두 눈 딱 감고 15분만 집중하자. 넌 할 수 있어.'

큰마음을 먹고 아들을 불렀다.

"아들, 엄마랑 놀자."

"진짜요?"

"그래. 뭐든 네가 하고 싶은 놀이를 할 거야. 대신 엄마는 딱 15분만 집중할 수 있어. 괜찮겠어?"

"응. 좋아요."

"시리야, 15분 뒤 알람 맞춰 줘."

핸드폰에서 시리를 불러내 알람을 맞추고(아들은 이 알람을 신뢰한다) 게임을 시작했다.

카드놀이, 보드게임 놀이, 주사위 놀이, 엄지손가락 싸움, 팽이치기, 딱지치기, 동서남북 등등 끝도 없는 놀이가 매일 이어졌다. 사실 나는 아들과 무슨 놀이를 어떻게 해야 할지 몰랐기에 두려움도 있었고 걱정이 컸지만 아주 간단했다.

아이와 15분 놀아 주는 방법은 이렇다.

1. 아이가 놀이를 정한다.

2. 아이가 놀이에 이기게 해 준다.

이 두 가지만 지켜 주면 아이는 막 자지러지게 좋아했다. 물론 2번 법칙은 아이에게 들키지 않게 교묘하게 해야 한다. 그리고 15분 동안 스마트폰이나 다른 어떤 것이라도 놀이를 방해하지 않게 해 줘야 한다. 100퍼센트 집중이 발휘돼야 한다. 이것이 무엇보다 중요한 사실이다.

처음 15분은 참 느렸다. 도대체 알람은 고장이 난 건지 울릴 기세가 없어 보였다. 그러다 알람이 울리면 나는 매정하게 그 자리를 털고 일어나 내가 하고 싶은 일에 집중했다. 떼쓸 것 같던 아이가 엄마가 만든 법칙에 적응하는 모습을 보면서 너무 심한가 하는 죄책감이 들기도 했다. 하지만 이내 고개를 흔들었다. 15분을 약속했는데 어느 날은 1분만 더, 그러다 2분만 더, 그러다 5분만 더 할 수 있다. 그런데 그게 문제가 되는 것이 아니라 단 1분도 더 할 수 없는 컨디션인 날, 나는 분명 아이에게 욱하거나 소리 지를 것이고 이제까지 쌓은 신뢰가 한순간에 무너질 수도 있다고 생각했다. 그래서 단호하게 15분의 시간은 지켰다.

그러기를 1주, 2주, 한 달쯤 지나가니 여유가 생겼다. 15분이 즐거워졌다. 아이와 놀아 줘야 한다는 강박감에서, 아이를 행복하게 해 줘야 할 의무감에서 벗어나는 순간이었다. 아이의 자지러지는 웃음소리와 미소를 바라보니 '이런 게 행복이구나.' 하는 생각이 들었다. 오롯이 아이만 바라보는 15분은 아이를 행복하게 하고 엄마를 여유롭게 했다.

처음에는 약속으로 시작했지만 어느새 아이는 엄마와 함께 질적인 행복을 느끼게 됐다. 어느 날은 30분, 어느 날은 한 시간이 되기도 했다. 물론 노는 시간이 없는 날도 있었다. 피곤한 날이면 아이에게 사실대로 이야기하며 양해를 구했다. 아이는 잘 받아들여 주었다. 평소 신뢰를 쌓으려고 노력한 게 아니라 신뢰를 잃지 않기 위해 최선을 다했기 때문이라고 생각한다.

충분히 상호작용 가능한 시간, 15분

가끔 친구들에게 자랑했다. 육아에 너무 지쳐 보이는 그들에게도 쌍방의 행복은 필요했기에 자랑할 수밖에 없었다.

"아이를 위해 얼마나 시간을 쓸 수 있겠니?"

"한 시간?"

"그렇게나 길게?"

한 시간이란 말에 친구들 눈이 커졌다. 나는 말을 이어 나갔다.

"내가 말하는 건 다른 일은 다 접어 두고 오직 아이에게만 집중하고 최선을 다하는 시간을 이야기하는 거야. 밥 차려 주고 씻겨 주고 옷 입히고 뭐 그런 게 아니라."

"아……. 잘 모르겠는데. 자신 없는데. 한 30분?"

"야, 그것도 대단히 길다. 나는 15분."

"15분?"

"15분 동안만 집중해서 아들과 놀아 주는 시간을 정했어. 그게 내가 요즘 제일 잘하는 일이야. 아들이 너무 행복해하니까 나도 너무 좋아. 한 번 해 봐. 더도 말고 덜도 말고 딱 15분. 15분이 길면 10분도 괜찮을 거야."

친구들에게 그 15분을 사용해 봤는지 이후 물어보지는 않았지만 친구들도 이런 행복을 맛보았으면 하고 간절히 바란다.

힘 빼는 육아 *Key Point!*

한 시간을 놀아도 아이는 더 놀고 싶은 마음으로 가득합니다. 그런데 부모는 아이와 다르게 더 놀아 줄 에너지가 없습니다. 그럴 때 아이에게 놀이 시간이 내일도, 모레도, 매일 주어진다는 것을 알려 주세요. 그러면 아이는 집착하지 않습니다. 그렇게 서로에게 신뢰가 생기면 아이도, 부모도 그 시간만큼은 집중적으로 즐거운 놀이를 할 수 있습니다.

오롯이 아이만 바라보는 15분은 아이를 행복하게 하고 엄마를 여유롭게 했다.

영어 못해도
행복하면 그만입니다

나는 영어를 가르치는 사람이다. 그런데 아들은 초등학교 1학년인데 알파벳 대문자도 다 모른다. 다른 집 귀한 자식들은 영어 유치원도 나오고 그래서 쏼라쏼라 잘도 영어로 이야기하는데 우리 아들은 영어랑 담을 쌓았다.

나는 초등학교 6학년에 ABC를 알았다. 아니 ABC만 알았다. 그리고 중학교를 갔다. 그리고 영어가 좋아져서 영어에 꽂혀서 그렇게 영어를 시작했다. 늦게 한 사람이라고 느끼지 않다. 적절한 시기에 절절한 동기 부여만 생긴다면 아무 문제없다고 생각했다.

아이들을 가르치면서 다양한 아이들을 만나게 된다. 답은 나와 있다. 머리가 원래부터 타고난 아이들은 어릴 때 시작해도, 늦게 시작해도 빠르게 잘한다. 기본적 능력을 타고났기 때문이다. 이해력도 좋고 암기력도 좋다. 여기에 하고자 하는 의지가 있다면 일취월장이다. 그런데 속상한 것은 이런 아이들은 전체 인원의 2퍼센트도 미치지 못한다는 것이다. 그 2퍼센트 중에서 나이가 들어가면서 더 큰 학습 성취가 요구될 때 나가떨어지거나 너무 어릴 때부터 공부를 해서 흥미를 잃는 아이도 생긴다.

나머지는 고만고만한 아이들이다. 그중에서도 10퍼센트 정도는 빨리해도 안 되고 늦게 해도 안 되는 아이들이다. 마지막을 장식하는 아이들이라고 볼 수 있다.

중간에 있는 아이들이 제일 힘들다. 왜? 앞에 있는 2퍼센트는 선택할 것이 없다. 그냥 하면 된다. 집안이 부유하거나 부모가 애쓰지 않아도 어느 순간 주위 사람들은 아이의 재능을 알아본다. 공부만 하고 공부로 성공하면 된다.

마지막에 있는 아이들도 쉽다. 공부를 안 하면 된다. 재능이 있는 분야를 찾거나 흥미가 생기는 것을 찾아서 직업과 연관시키면 된다. 이런 아이들은 사실 공부에 돈과 시간을 쏟는 것이 너무 아깝다. 손재주가 좋은 아이도 있고 예체능에 큰 재능이 있을 수도 있고 요리를 배울 수도 있다. 우리가 알지 못하는 다양한 세계가 있는데 오직 책상 앞에 앉아서 잠과 씨름해야 할 이유가 과연 무엇일까?

중간에 있는 아이들이 사실 제일 힘들다. 이도 저도 확실히 선택할 수 없기 때문이다.

하기 싫은 공부를 억지로 시키지 않는다

결론은 우리 아들은 우수하지도, 떨어지지도 않는 중간이라는 사실이다.

그래서 영어는 일부러 안 시켰다. 내가 공부시키지도 못 하고, 남한테 시키자니 돈이 아깝고, 시켜도 돈값을 못할 것 같고, 시작하면 내가 욕심이 생겨 아들을 가만 놔두지 않을 것 같았다. 내게 중요한 것은? 아이의 성적이 아니라 아이와의 관계였다. 그렇다면 영어는 안 시키는 것이 맞다고 판단했다.

그렇게 다짐하며 영어와 담쌓고 지내던 그 어느 날, 내 굳은 마음에 단비가 내렸다.

잘 알고 지내던 학부모가 일곱 살 남자아이 영어 수업이 가능한지 물었다. 같은 날 또 다른 학부모가 일곱 살 남자 아이 영어 수업에 관해 물었다. 두 명? 그런데 둘 다 일곱 살 남자아이? 한 명은 아들 친구? 그렇다면 이야기가 달라진다. 아들과 그 친구는 아주 죽이 잘 맞는 사이였다. 주체할 수 없는 욕심이 생겼다. 수업은 다음 주부터 시작이었는데 당연히 아들도 그 수업에 참여시켰다.

놀이 영어로 시작했다. 알파벳을 공부시키지도 않았다. 그런데도 아들은 참 민감했다. 그도 그럴 것이 시작점이 달랐던 것이다. 나머지 두 명은 영어 유치원은 아니더라도 그전에 영어 학습 이력이 있었다. 유치원 정규 수업 시간에 가끔, 방과 후 수업으로 조금, 방문 선생님 수업도 조금. 둘 다 알파벳을 정확하게 아는 단계도 아니었고 파닉스(소리와 철자를 통해 영어 읽기를 도와주는 학습법이다)를 알지도 않았다.

아들은 금방 영어 수업에 흥미가 떨어졌고 곧 시들해졌다. 아들은 우울해졌고 나는 슬펐다.

영어의 첫 인상, 어떻게 보여 줘야 할까

"아들, 영어 수업하기 싫구나?"

"응."

"애들이 너보다 잘한다고 생각해서 그런가? 우리 아들도 잘하고 있어."

"아니야. 나는 영어를 못해."

철렁, 가슴이 바닥으로 툭 떨어졌다.

사람을 만날 때 제일 중요한 것은 첫인상. 0.5초 만에 정해진다는 첫인상.

영어에도 첫인상이 있다. 그래서 처음 영어를 누구에게 어떻게 배웠는지가 중요하다. 가르치는 사람의 능력도 중요하겠지만 얼마나 즐거운 기억을 만들어 줬는지가 더 중요하다. 그래서 아이들이 영어를 처음 접할 때 놀이 영어나 게임 등을 많이 할 수밖에 없다. 즐거운 기억으로 영어가 재미있다고 느껴야지 앞으로 영어 학습에 큰 지장을 주 지 않게 된다. 이걸 누구보다 잘 알고 있는 이 인간(나)은 무슨 짓을 하고 있었던 건가? 이러려고 내가 영어 수업에 아이를 참여시켰던 건가? 순간 자괴감이 들었다.

그 즉시 아들을 영어 수업에서 빼 버렸다. 사실 아들 때문에 그 수업을 시작했지만 아들을 뺐다. 나머지 아이들은 열심히 수업에 임했다. 그때 사실 얼마나 배가 아팠는지. 내 아들은 태권도에 보내 땀 흘리게 하고는 이 아들들은 영어로 놀면서 땀 흘리게 하다니…….

그 이후 나는 절대 아들에게 영어를 하자고 이야기하지 않았다.

'할 때 되면 하겠지. 쪽팔리기 싫으면 하겠지. 당기면 하겠지. 하기 싫으면……. 끝까지 하기 싫으면……. 아 몰라. 그때 가서 생각해 보자. 지금은 어쨌든 관계 중심이니까 참자. 참자. 잘 참자.'

힘 빼는 육아 *Key Point!*

영어 교육의 가장 중요한 점은 아이 스스로 즐겁게 공부할 수 있을 때까지 기다려 주는 것입니다. 또한 영어 공부를 할 만한 환경을 만들어 줘야 합니다. 처음에 영어에 대한 안 좋은 인상을 심어 주면 아이는 나중에 '영포자'가 될지도 모릅니다.

논리적으로 설명하면 아이도 알아듣습니다

나도 모르게 아이를 때렸다. 아들이 대략 다섯 살 무렵이었다.

아들은 이유 없는 투정을 부려 댔다. 사실 이유는 정확히 기억나지 않는다. 그냥 그렇고 그런 이유였을 것이고 그것이 그다지 나에게 다가오지 않는 이유였을 것이다. 이 성적으로 논리적으로 잘잘못을 따질 일도 아니었다. 그냥 그런 날이 있지 않은가?

그날은 분명 그런 날이었다. 정말 나도 모르게 아이를 때렸다. 엉덩이를 때렸는지 등짝을 때렸는지 정확히 모르겠다. 아이의 몸 어딘가를 나도 모르게 한 대 내려치고 나서야 정신이 번쩍 들었다. 아이가 놀랐다. 나는 더 놀랐다. 단 한 대였지만 그것이 처음이었고 아직까지는 마지막이었기에 우리 둘에게는 아주 역사적인 순간이 되었다.

실수는 바로 인정하고 사과하자

아들은 그 한 방이 엄마에게 맞은 것이라고 기억하게 되고 나 또한 마찬가지, 아이를 때린 엄마라고 스스로를 자책하게 됐다.

아들에게 바로 사과했다.

"아들, 엄마가 미안해. 그래도 널 때리면 안 되는 건데 엄마가 나도 모르게 그랬네. 용서해 줘."

"응. 괜찮아. 내가 잘못한 것도 있어."

"엄마 좀 누워 있을게. 필요한 것 있으면 말해."

"응. 나 텔레비전 봐도 되지?"

"그래."

불 꺼진 방 침대에 덩그러니 누워 곰곰이 생각해 보았다. 눈물이 났다. 도대체 왜 무슨 정신으로 그 작은 아이를 때렸을까?

어린 시절 나는 맞는 게 너무 무서웠다.

부모님은 단 한 번도 나와 동생을 손으로 때린 적이 없었다. 항상

30센티미터 플라스틱 자로 손바닥을 때리셨다. 그것도 늘 나와 동생과 상의하고 몇 대를 맞아야 하는지 물은 다음에 그렇게 하셨다. 그렇게 자랐건만 나도 모르게 손이 하늘로 붕 떴다가 아이 등짝에 스매싱을 날려 버린 것이다.

왜 그랬을지 곰곰이 생각해 보았다. 참을성 부족했다. 그럼 왜 참을성이 부족했을까? 그 시간은 이미 저녁을 먹은 시간이었다. 그전에 무슨 일이 있었는지 탐정처럼 나의 하루를 되돌려 보았다.

이유는 하나였다. 피곤함! 육체적으로 내가 너무 피곤했던 것이 이유였다. 육체가 힘드니 정신력도 약해지고 참을성, 인내심은 바닥을 쳤고 짜증이 난 찰나에 아이가 딱 걸린 것이었다. 반성했다. 엄마의 피곤함이 아이를 잡은 것이다. 그 뒤로부터는 피곤하면 피곤하다, 힘이 들면 힘이 든다고 아이에게 솔직하게 이야기한다.

퇴근하고 지친 몸을 이끌고 밥하고 아이와 놀아 주고 집을 정리하고 설거지하고……. 해도 해도 끝이 없는 살림은 해도 표가 안 나고 안 하면 순식간에 돼지우리가 된다. 누가 해 주지도 않을 일이라서 해야 하는데 끝도 없고, 안 하자니 마음이 불편하고 참 진퇴양난이 따로 없다. 피곤하다고 누워도 눈치가 보이고, 아이와 놀아 주자니 짜증 난 내 얼굴 때문에 아이는 내 눈치를 봤다. 이러나저러나 눈치를 보는 아들이 불쌍했다.

하지만 오늘 하루 누워 있는 것이 뭐가 문제란 말이냐. 그렇게 대자로 누워 버렸다.

진실한 마음은 통하기 마련이다

나는 갑상선에 문제가 있어서 매일 약을 먹고 평생 약을 먹어야 하는 환자다. 예민하고 까칠한 사람이 이 정도로 편하게 아들 키우는데 이런 날도 있는 게 당연하다고. 스스로에게 힘을 주고 위로를 줬다.

그리고 아들에게는 화가 폭발하기 전에 가급적 논리적으로 이유를 설명하려 한다.

"아들, 엄마가 어제 너무 무리했나 봐. 그래서 좀 쉬어야겠어."

"어제 엄마 일한다고 늦게 잔 거 알고 있지?"

"엄마, 아침부터 수업 듣고 일하고 온 거 알지?"

상황에 따라 이유는 바뀌지만 대체로 나름의 이유를 설명하고 눕는다. 혹시라도 아이가 자기랑 놀기 싫거나 자기가 잘못한 일이 있어서 엄마가 떨어져 있는 거라고 오해하게 하고 싶지 않기 때문이다.

순수한 아이들은 설명해 주면 그대로 이해한다. 물론 그 설명은 진정성이 있어야 한다. 진실하지 않은 이유는 진실한 아이들에게 훤히 다 보인다. 진실하지 않은 이유로 넘어가려는 사람들은 진실하지 못한 어른들뿐이다.

힘 빼는 육아 *Key Point!*

육아가 의무라면 나만의 시간을 갖는 것도 의무입니다. 자신을 외롭게 만들지 마세요. 절벽으로 밀어내지 않길 바랍니다. 문제가 있을 때 솔직하게 아이에게 이야기하는 것도 괜찮습니다. 엄마가 약한 사람이라고 말하는 것이 아니라 엄마가 왜 그랬는지 솔직하게 알려주세요. 엄마가 아이에게 솔직하게 차근차근 알려주면 아이도 충분히 어른을 이해합니다.

엄마를 설득할 수 있는 기회를 주세요

"아들, 뭐 먹고 싶은 거 없어?"

배시시 아들이 미소를 짓는다.

"알면서……."

아들이 뭘 먹고 싶은지 너무나 정확하게 잘 알고 있다. 다만 부인하고 싶을 뿐이다.

라면은 참 맛있는 음식이다. 그런데 나이가 들며 라면의 매력에서 조금 벗어난 나와는 달리 한창인 아이는 그 마력에서 벗어날 기미가 보이지 않는다. 그렇게 아이의 입맛을 라면에 뺏기고 나니 시도 때도 없이 라면 타령이다.

"아들, 이렇게는 안 될 것 같아. 라면이 맛있는 건 엄마도 인정."

"글치?"

"그런데 라면은 영양가가 너무 없어서 네가 계속 라면만 먹으면 라면처럼 네 몸이 구불거릴 수도 있어."

"그럼 우동은 괜찮을까?"

"……."

한 방 맞은 느낌이었다.

밀가루가 어쩌고저쩌고 하며 싸움이 안 될 것 같은 말놀이를 하고 나서는 도저히 극적 타결이 불가능할 것 같았다. 나는 단도직입적으로 밀어붙였다.

"엄마가 일주일에 하루는 라면 먹는 날을 허락할게. 더 이상은 안 돼. 라면이랑 우동이랑 국수랑 짜장면이랑 스파게티랑 다 친구야. 면은 일주일에 한 번이야. 무슨 요일로 할까?"

"화요일."

"왜?"

"그날 내가 즐겨보기 해 놓은 프로그램이 하는 날이거든. 그 방송이 내가 제일 좋아하는 거고 라면이 제일 좋아하는 거니까 같은 날 하고 싶어."

"그래, 알았어. 그럼 라면은 무조건 화요일이다. 더 이상은 안 돼."

그렇게 우리의 즐거운 화요일은 시작됐다.

화요일은 물어보지 않아도 무조건 라면 먹는 날이다. 한 번씩 엄마를 생각해서 짜장면이나 스파게티를 먹어 주기도 하지만 사실 아들이 좋아하는 음식은 뭐니 뭐니 해도 라면이다.

아이의 입맛을 엄마가 인정하는 편이 마음이 편하다. 아이가 라면을 매일 먹겠다고 눈치 보고, 엄마는 안 된다고 싸우고, 타이르고, 삐지는 상황이 없어진 것만으로도 행복하다.

힘 빼는 육아 *Key Point!*

저는 아이와 협상하기를 즐깁니다. 아이의 생각이 어떤지 뻔히 다 보이는 순간에도 모른 척 아이에게 질문합니다. 그 과정에서 아이가 설득과 협상의 기술을 배울 거라 믿습니다. 좌절도 경험하겠지만 이 또한 삶의 일부가 될 수 있겠지요. 저 스스로 답을 정해 놓고 협상 테이블에 앉는 때도 있지만 되도록 저의 결론을 먼저 이야기하지 않으려고 합니다. 아이에게 설득당하고 싶다는 열린 마음을 보여 줍니다.

아이의 결핍을 내버려 둡니다

육아 책을 수천 권이나 보면서 가장 마음에 들어 온 단어가 있었다. 처음에는 '정말?'이라는 의구심으로 다가왔던 단어였고 시간이 지나면서 '정말!'이라고 느껴진 단어이기도 했다. '정말 이게 있어야 아이가 더 잘된단 말이야? 믿을 수 없어. 엄마가 어떻게 그래?'라고 미심쩍은 표정을 짓게 만들었지만 한 해 두 해 아이가 나를 키우면서 나는 성장해 갔으며 이것은 육아를 위한 필수라는 확신이 들게 했다. "무슨 밑밥을 이렇게 길게 까는가?"라고 물으신다면 그만큼 중요하기 때문이라고 이유를 확실히 이야기하고 싶다.

그것은 바로 결핍이다. 아이는 무엇인가가 부족해야 한다. 부모의 지지와 사랑이 결핍되면 안 되겠지만 그 또한 넘치면 곤란하다. 사랑하기에 아이가 원하는 것을 미리 내 의지대로 맞춰 줘서는 안 된다. 진정으로 사랑하기에 아이가 원하는 것을 모른 척하기도 해야 하고 단호하게 거절 할 수 있는 엄마의 뻔뻔함이 필요하다.

행복한 아이를 만드는 엄마의 자세

내가 원하는 아들은 공부를 잘하고 똑똑하고 돈을 잘 버는 아들이 아니다. 나는 남과 비교하는 것은 엄마라는 직업을 가진 사람이 무조건 버려야 한다고 생각하는 사람이다. 남보다 더 무엇인가 해야 한다는 생각은 나의 삶을, 더 나아가 아들의 삶을 피폐하게 만드는 일등 원인이라 믿는다.

엄마가 원하는 아이의 모습은 행복하고 즐거운 사람이다. 엄마는 아이가 독립적인 아이로 자라길 바란다. 아이가 커서 재정적으로도 독립해서 부모의 연금에 눈독을 들이지 않길 바라며 심리적으로도 독립해서 스스로 삶을 개척해 나가길 바란다. 무엇보다도 사람을 중시하는 됨됨이를 갖길 바란다. 그래서 육아서에 있는 결핍이란 단어를 삶의 영역으로 끌어오지 않을 수가 없었다.

필요는 발명의 어머니라고 했던가? 같은 맥락으로 결핍은 성장의 어머니라고 하고 싶다. 나는 스스로 아이의 잔심부름꾼이 되지 않기로 마음먹었다. 내가 귀찮아서라는 이유도 있지만 나는 늘 생각했다.

'내가 니 시다바리가?'

아이가 가위를 달라면 가위를 주지 않았고 아이가 물을 달라면 물을 주지 않았다. 안전한 가위를 약속된 자리에 두었고, 물이 있는 곳을 알려 주고 아이의 키가 닿는 제일 낮은 선반에 아이 전용 컵을, 냉장고 맨 아래 칸에 아이가 들 수 있는 500밀리리터짜리 플라스틱 물병을 넣어 두었을 뿐이다.

책에 관심이 없으면 나도 관심을 보이지 않았다. 억지로 들이밀지도, 강요하지도 않았다. 책을 읽어 달라고 할 때까지 기다렸다. 좀 더 읽어 달라고 할 때 목이 아프니 너도 한 바닥 나에게 읽어 주면 계속 읽어 주겠다는 딜을 했다.

잠자리에 든 아들에게 물었다.

"아들, 엄마 좋아?"

"응. 좋아."

"엄마가 왜 좋아?"

"엄마는 잘 놀아 주니까."

매일 15분 놀아 주기의 힘이다.

"그렇게 이야기해 주니까 너무 고마워. 그런데 엄마한테 뭐 서운한 건 없어? 있으면 이야기해 봐. 엄마가 할 수 있는 거라고 생각되면 노력해 볼게."

"엄마는 나랑 잘 놀러 가지를 않잖아."

일부러 아이의 결핍을 내버려둔다

그렇다. 이게 사실이다. 남들은 주말이면, 쉬는 날이면, 아이와 함께 놀러 간다. 아이가 어릴 때엔 나도 그런 열성 가득한 엄마였다. 그런데 아이는 매번 어딜 다녀왔는지 전혀 기억을 못했고 늘 차에서 잤다. 주말에 나들이를 다녀오면 노상 피곤해하거나 아파서 열이 나거나 감기에 걸렸다. 나도 점점 그런 삶에 지쳤고 나들이 때문에 생긴 카드값은 쌓여 갔다.

무엇보다 아이에게 유익한 경험을 위해 애썼지만 아이가 기억하고 즐거워하는 것은 전혀 교육적이지도, 유익하지도 않은 것에 있었다. 거기서 파는 아이스크림(우리 집 마트에도 파는)이 맛있었다거나

엄마가 원하는 아이의 모습은 행복하고 즐거운 사람이다.
엄마는 아이가 독립적인 아이로 자라길 바란다.

떡볶이가 매웠다거나 자기가 개똥을 밟았다거나 뭐 그런 사소한 것들이었다.

그런 경험을 위해서 온 가족이 꽉 밀린 차 안에서 몇 시간씩 꼼짝않고 벌을 서야 했고 비싼 입장권을 끊어야 했다. 돈 쓰고 신경 쓰고 에너지 쓰고 황사에 미세 먼지에 스트레스에 시달린다고 해도 아들이 하하, 호호 하면 '못 먹어도 고!'였겠지만 나들이를 다녀와서 한다는 말은 고작 "아, 집이 최고다."였다. 나는 그날로 놀러 가는 일을 단절시켜 버렸다.

놀러 가고 싶은 마음은 아들이 느끼는 결핍인가 보다. 나는 단호히 그 결핍을 없애 주지 않겠다. 왜냐하면 나는 아들이 자기 가방의 무게를 견딜 수 있을 때 세계 여행을 떠날 계획을 하고 있기 때문이다. 아들도 알고 있는 사실이다. 그때를 위해 저금도 하고 있다.

피식 웃음이 났지만 꾹 참았다. 지금 나랑 놀러 다니지 못해 아쉬운 마음이 있어야 나중에 세계 여행을 가자고 하면 맘 변하지 않고 잘 따라나서겠군. 계획한 일은 아니었지만 뭔가 계획한 것마냥 은근 신이 났다.

힘 빼는 육아 *Key Point!*

저는 책에 대한 '결핍'이 있습니다. 어렸을 때 집안 형편이 넉넉하지 못해 원하는 만큼 책을 못 샀습니다. 요즘처럼 근처에 도서관이 활성화되지도 않았기에 반 친구들에게 책을 빌려 봤습니다. 중학생 때는 도서관의 모든 책에 침을 바르고 졸업을 해야겠단 일념이 생겼습니다. 곰곰이 생각해 보니 아들이 책을 안 읽는 이유는 집에 책이 너무 많아서라는 생각이 들었습니다. 저는 이 책을 다 쓴 뒤 집에 있는 아이 책을 모조리 치워 버릴 어마 무시한 계획을 세웠습니다. 책이 궁해야 아이도 책에 관심을 가지지 않을까요?

원하는 것을 쉽게 주지 않습니다

"엄마, 나 로봇 과학을 하고 싶어요. 하면 안 돼요?"

"그래? 생각해 볼게."

처음은 무조건 이런 반응이다. 처음부터 초보 물고기처럼 한 방에 미끼를 물지 않는다. 일단 아들의 애를 좀 태운다. 그러다 며칠 뒤, 혹은 몇 주, 혹은 몇 달 뒤 아들은 또 물어본다.

"엄마, 나 로봇 과학이 하고 싶은데 언제 할 수 있을까요?"

"엄마가 생각해 봤는데 3학년 때 하면 좋을 것 같아. 왜냐면 1~2학년 때는 돌봄 교실을 하잖아. 그런데 3학년 때는 돌봄 교실이 없거든. 그런데 3학년 때도 엄마는 일할 거니까, 그때는 무조건 네가 학원을 돌아야 할 것 같거든. 너희 학교는 방과 후 프로그램이 적어서 네가 1학년 때 다 해 버리면 나중에 할 게 없어서 엄마가 곤란해질지도 모르잖아. 그래서 3학년쯤이 어떨까 싶은데."

"응. 알았어."

그러다가 며칠 뒤 다시 아들은 요청했다.

"엄마, 3학년 때 아니고 지금 하면 안 돼요?"

"많이 하고 싶구나. 알았어. 엄마가 로봇 과학 방과 후 선생님께 전화해서 빈자리가 있는지 알아볼게. 빈자리가 있으면 가능할 테고 없으면 빈자리가 생길 때까지 네가 기다려야 해."

선생님께 연락하니 가능하다는 대답이 돌아왔다.

"아들, 이번 주부터 로봇 방과 후 가면 되는데 어디로 몇 시에 가는지 알아?"

"응. 금요일 오후 두 시에 과학실로 가면 돼. 엄마, 감사합니다."

아이와도 밀당이 필요하다

나는 치사한 엄마다.

아들이 원하는 것을 한 번에 들어줄 마음이 없다. 이유는 분명하다. 하고 싶은 걸 바로 하게 하면 아이의 흥미는 급격히 떨어지기 때문이다. 피아노를 치고 싶다고 피아노 학원을 다니게 하면 한 달도 안 되서 그만두겠다고 한다. 집에서도 연습하겠다고 피아노를 사 달라고 해서 사 주면 한 달도 안 되서 피아노에 먼지만 쌓이는 걸 익히 봐 왔다. 아이는 단순하다. 하고 싶은 마음이 거짓은 아니다. 하지만 그것이 부모가 원하는 만큼 강하지 않다는 것이 문제다.

아이들을 가르치면서도 처음에는 공부를 시키려고 노력하지 않는다. 재미있을 만큼만 시키고 딱 멈춘다(저학년이거나 공부에 처음부터 취미가 없는 아이들이 대상이다). 약간의 재미를 느끼고 더 하고 싶다고 해도 손사래를 치면서 못하게 한다. 공부를 너무 많이 하면 머리가 아프기 때문에 더 하면 안 된다고, 억지로 놀라고 한다. 그럼 아이들은(이 청개구리 같은 아이들은) 공부를 더 하고 싶은 마음에 더 열심히 하려고 한다. 뭐든 안 된다고, 하지 말라고 하는 것에 더 큰 흥미를 느낀다. 물론 공부에 진이 다 빠져 버린 고학년 아이들에게는 절대 먹히지 않는 방법이긴 하다.

그런 연유로 나는 아들에게 뭐든 쉽게 허락하지 않게 되었다.

세계에서 가장 체스를 잘 두는 남자에게 딸이 셋 있었다. 그 세 딸 다 세계 챔피언급이었다. 사람들은 그에게 물었다.

"도대체 딸들의 체스 실력을 세계 챔피언급으로 만든 비결은 무엇입니까?"

"그건 아주 간단해요. 아이들에게 체스를 절대 가르치지 않는 것입니다. 대신 아이들 앞에서 재미있게 체스를 두기만 하면 됩니다."

흥미는 짧다. 의욕을 길게 가져가는 것은 그 짧은 흥미를 어떻게 하면 길게 만들 수 있는지에 달렸다. 이때 즐거운 모습이 포인트다. 그래서 아들에게 책을 읽으라고 얘기하지 않는다. 책도 읽어 달라고 공손하게 부탁한 경우에만 읽어 준다. 대신 나는 아이 앞에서 책을 더 열심히 읽는다. 그리고 조금이라도 웃긴 내용을 읽으면 엄청 재미있다는 듯이 소리 내서 웃는다. 왜 웃느냐고 물어보면 자세히 설명해 주지는 않고 그냥 책이 재밌다고만 이야기한다. 어차피 설명해 줘도 웃음의 코드는 다르니까 이해할 리도 없다.

원하는 것을 얻는 소중함을 일깨워 준다

아들은 삼고초려로 로봇 방과 후 반에 어렵게 입성했다. 친구들과 비교할 수는 없지만 내가 보기에는 열성이다. 이 열성이 얼마나 갈지는 모르지만 아무튼 나름대로 아들은 여러 번 나에게 요청했고 기다렸다. 나름대로 나를 설득했다. 수업 시간이 언제인지, 어디서 하는지 이미 알고 있었다. 무엇을 만드는지도 알고 있었고, 또래 아이들이 누가 그 수업에 참여하는지, 진도가 어디까지 나갔는지도 꿰고 있었다. 안 된다는 말에 아이는 오히려 더 하고 싶은 마음이 들어 관심을 기울인 결과였으리라.

방과 후 교실은 비용이 상대적으로 저렴하다. 매월 3만 원이 아까운 것이 아니다. 아이가 하겠다고 하면 덥석 물어다 주지 않는 진짜 이유는 미끼를 내민다고 덥석 물어 봤자 나만 아쉬운 꼴이 되기 십상이기 때문이다. 큰 물고기일수록 미끼를 바로 물지 않고 지켜본다. 그 미끼가 낚시꾼의 미끼인지 아닌지 확인하기 때문이다. 그렇기에 그 물고기는 아직도 살아 있다.

힘 빼는 육아 *Key Point!*

맛있는 밥은 뜸을 잘 들인 밥입니다. 육아도 마찬가지 아닐까요? 아이가 원하는 것에 빠르게 반응하는 것이 부모의 능력이고 사랑이라고 생각하기 쉽지만 사실 그렇지 않을 수 있습니다. 온라인 쇼핑을 생각해 보면, 맘에 드는 물건이라도 장바구니에 넣고 며칠을 기다리면 마음 온도가 명확히 느껴집니다. 여전히 필요한 게 있고 반대로 마음이 180도 바뀌기도 합니다. 순간의 강렬한 마음이 거짓은 아니지만 뜸을 잘 들인 마음에는 더 좋은 결과가 따라온다는 사실, 잊지 마세요.

책은 아이가 보고 싶을 때 읽게 하세요

나는 못된 엄마다. 아이에게 책을 읽어 주는 것이 당연히 좋다는 것을 잘 알고 있는데도 잘 하지 않는다. 왜냐하면 아들이 책을 별로 좋아하지 않기 때문이다. 밤에 잠자리에 누워 교감하며 책을 읽어 주면 아이에게 좋다고 하지만 아들은 그 시간에 책을 통해 교감을 나누는 것보다 나랑 몸싸움하는 것을 백배는 더 좋아한다. 나랑 팔씨름하거나 가위바위보 하거나 장난치는 걸 좋아하는 아이다.

책을 안 읽어 줬는데 신기하게도 글자를 익혔고 글씨도 써 나갔다(이건 분명 자랑이라고 생각하겠지만 사실…… 자랑이다. 사실은 교육열이 왕성한 할머니가 나 몰래 가르치셨다).

엄마도 하루 종일 바깥에서 말하고 집에 오면 목도 아프고 힘들다. 그냥 놀자. 엄마의 귀찮음과 아이의 흥미 없음 반, 엄마의 개똥철학 반. 즐거운 것은 스스로 느껴야 한다. 책은 언젠가 스스로 읽고 싶으면 알아서 읽는 것이다. 그게 오래가고 평생 간다. 그래서 책 읽기는 종종 뒷전이 됐다. 대신 교감하는 시간은 언제나 가지려고 노력했다.

책은 많이 읽어야 좋을까?

초등학교에 근무하면서 아이들이 책 읽는 모습을 곁에서 많이 보았다. 초등 저학년 아이들은 쉬는 시간만 되면 쪼르르 도서관으로 달려가 10분 쉬는 시간에 책을 몇 권이나 읽어 치운다. 도서관에서 두 권씩 빌렸다가도 당일 반납이 가능하다. 학교에서 이루어지는 독서 통장의 포인트를 쌓기 위해서라도 열심이다.

그러다가 학년이 올라가고 글밥이 많아지는 순간, 정작 읽기 시작해야 할 때쯤 아이들은 책과 점점 멀어진다. 고학년이 돼서도 책을 좋아하는 아이들은 한 반에 그다지 많지 않다. 그 아이들 또한 맘 놓고 책을 읽을 시간적 여유가 없다. 시간을 내어 쪼개 읽어야 하는 아이들, 그리고 친구와 뛰어노는 걸 단절한 채 독서를 무기로 자신의 세계에 빠져 사는 아이들, 그리고 나머지 책을 멀리하는 다수의 아이들이 있을 뿐이었다.

쓸데없는 책을 100권 읽는 것보다 고전을 한 권 읽는 것이 이롭다. 라면 100그릇을 먹는 것과 잘 숙성된 된장 정식을 먹는 것 중 어떤 것이 아이의 건강에 더 이롭겠는가. 어릴 때 많은 책을 읽은 이력이 아니라 아이의 생각 그릇이 넓어지고 남을 이해할 수 있는 포용력을 기르는 것이 우선이라고 생각한다. 물론 이것을 책에서 얻기 위해 어릴 때부터 독서하는 것이라고는 하지만, 나는 치사한 엄마였기 때문에 가뿐히 포기했다. 책을 좋아하는 엄마의 DNA를 아들이 어느 정도는 물려받지 않았을까 하는 기대도 있었다.

아이에게 타협하는 법 가르치기

그러던 어느 날이었다. 아들은 학교에서 희한한 책을 두 권 빌려왔다. 유령이 나오고 수학 문제를 풀고 뭐 그런 이야기였다. 무슨 이야기면 어떠하랴? 아들은 제법 두꺼운 책을 가지고 와서 나에게 읽어 달라고 했다.

"엄마, 오늘 책 읽어 주세요."

"그래? 그럼 너도 읽어 줄 거야?"

"네. 나도 엄마 책 읽어 줄게요."

그날 밤 잠자리에 누워 아들은 첫 페이지를 나에게 먼저 읽어 주었고 나는 첫 번째 챕터를 읽어 주었다. 읽다 보니 내가 봐도 전래동화보다 훨씬 재미있었다.

'훗, 너도 이런 게 재미있다는 걸 빨리도 아는구나.'

어젯밤에는 아들이 걱정스럽게 이렇게 말했다.

"엄마, 이 책 반납일이 3일 뒤인데 우리가 그전까지 다 읽을 수 있을까요?"

치사하게 감질나게 읽어 주는 엄마에게 우아하게 반항하는 법도 터득한 것이다.

"그러게. 그럼 어쩌지?"

"엄마가 좀 힘들겠지만 오늘은 좀 많이 읽어 주시면 안 돼요?"

치사한 엄마가 치사하지 못하게 하는 방법을 아들은 이미 파악했다. 극존칭을 쓰고 최대한 높임말을 공손하게 하면 된다는 것을 알아차렸던 것이다.

"당연히 되지. 그럼 엄마가 오늘 좀 노력해 볼게. 가자."

아이가 먼저 하고 싶게 만드는 것. 엄마의 밀당이 필요한 순간이다. 감정적으로 대처하지 말고 이성적으로 머리를 써야 할 때가 많다. 아들을 사랑하는 마음은 감정으로 하되, 아들을 사랑하는 방법은 이성적으로 대하니 아들은 순한 양 같다. 아들을 사랑하는 방법을 내 감정대로 했다면 아마 아들은 벌써부터 늑대가 됐을 것 같다.

힘 빼는 육아 *Key Point!*

아이, 특히 아들과 놀아 주는 방법을 고민하신다면 말로 하지 말고 몸으로 하시라고 권해 드리고 싶습니다. 아빠가 할 일이라고 단정짓지만, 엄마가 하셔도 충분합니다. 엄마랑 몸놀이를 하면 아들에게 더 좋은 점이 있습니다. 아들은 아빠보다 힘이 약한 엄마와 놀면서 스스로 힘 조절을 할 수 있는 법을 터득합니다.

편지로 아이와 사랑을 나누세요

학교에서 돌아온 아들이 뭔가를 꺼내 들었다. 종합장을 찢어서 세로로 네 번 접고 바람개비처럼 접어 만든 손편지였다. 동서남북 바람개비 모양의 편지에는 "엄마에게"라고 쓰여 있었다.

엄마 좋은 소식이서요. 좋은소는 신경민이 엄마 좋아하때요.
외야하면 신경민이 말하때 우스면서 마하는까요.
그게 좋탔고 들었서요. 책일그대요.
2017년 9월 4일 아들 올림

이해를 위해 해석해 보았다.

엄마 좋은 소식이 있어요.

좋은 소식은 신경민이 엄마를 좋아한데요. 왜냐하면 신경민이

엄마가 말할 때 웃으면서 말했으니까요.

그게 좋다고 들었어요. 엄마가 책 읽을 때요.

닭살 돋는 답장을 아들에게 보냈다.

사랑하는 아들에게

아들 오늘 학교에서 널 만나니까 더 행복하더라.

너의 반짝이는 눈망울을 매일 보는 선생님은 너 때문에 얼마나

행복할까 생각했단다.

아침에 살며시 네가 자고 있는 모습을 볼 때면 꼭 아기 천사가

내려앉아 잠을 자는 것 같아.

엄마는 너 때문에 오늘도 열심히 살려고 노력해.

사랑하는 아들 고마워. 엄마 일기 잔소리 이제 안 할게. 사랑해.

아들은 신이 났다. 편지는 계속됐다.

엄마, 생쥐, 고양이가 여뻐요.

저가 종이로 평가 해 주서요. 오늘 편지를 다시보겠서요.

종이가 작아요. 엄마 사랑해요. 평가는 다른 종이에 있서요.

9월 5일

편지 아래에 생쥐와 고양이를 그려 넣은 편지였다. 그 그림을 평가해 달란다. 그리고 종이가 작으니 다시 편지를 쓰겠다는 의미인 것 같았다.

엄마 죄송해요. 아침에 인사를 못했서 죄송해요.

하지만 죄송하다는 뜻스로 오늘 저가요 설거지할개요.

손으로요. 엄마 사랑해요.

9월 6일 수요일

여름방학에 집으로 식기세척기가 입양됐다(아는 분이 쓰던 건데 우리 집에 투척해 주셨고 나는 좋다고 냅다 받아 왔다. 너무 행복하다). 그래서 아들은 식기세척기가 아니라 자기 손으로 직접 설거지하겠다고 한 것이었다. 그리고 그렇게 하도록 두었다. 아들은 자신의 사랑을 표현해서 행복했고 나는 그 사랑을 받으니 세상 부러울 게 없었다.

엄마 좋는 것 가타요 엄마가 없서다면(없었다면) 저도 없서서요(없었어요).

엄마가 절 키워주셨서 고맙습니다. 맨날 미술때신 레고하고 싶퍼요.

엄마 이러캐해요. 미술이랑 레고 반하고 싶퍼요. 그럭캐해도 돼요?

꼭 편지를 보내주세요. 엄마 사랑해요.

9월 7일 목요일

슬슬 아들은 편지의 목적을 드러내기 시작했다. 역시 애들은 영악하다. 한시도 쉴 틈이 없다.

미술 학원을 그만두고 나니 걱정이 됐다. 아들은 미술을 진짜, 너무, 완벽히 못한다. 그림 그리기에 재능이 없어 보였다. 손가락도 열 개 다 정상인데 참 신기했다. 실수하는 것을 두려워하는 꼼꼼하고 예민한 성격(좋은 말로), 대범하지 못하고 겁이 많은 성격(좀 꼬아서)이라서 그런지, 엄마를 닮아서 그런지 모르겠지만 말이다.

아무튼 초등학교 저학년은 미술이 곧 능력이고 생명인데 안 하자니 겁이 났다. 미술 학원을 안 가겠으면 엄마랑 같이 포켓몬스터를 하나씩 그리기로 약속했다. 그런데 아들이 잔머리를 쓰기 시작했다.

사랑하는 아들아.

안녕? 내 사랑?

매일매일 너로 인해 웃고 웃을 수 있어서 엄마는 얼마나 행복한지 몰라.

오늘도 어제도 아침 일찍 일어나 조용히 네가 하고 싶은 걸 하는

널 보면서 엄마를 얼마나 배려하는지 너무 고마워.

보영이도 잘 보살피고 항상 착하고 바른 마음 가져 주어 고마워.

미술은 두 번 레고 두 번 수요일 쉬는 것도 좋아. 허락할게.

하지만 약속을 스스로 지키도록 항상 노력해 주면 좋겠어.

그렇지 않으면 엄마가 널 더 이상 믿을 수 없게 만드는 거니까.

파이팅. 사랑해.

편지를 받으니 마음이 약해진다. 그래서 미술 대신 레고를 만드는 날을 이틀 허락해 주었다. 아들의 논리는 이랬다. 미술 학원에 가도 그리기만 하는 것이 아니라 만들기 하는 날이 있으니 집에서도 그렇게 하자는 것이었다. 그림 그리기는 싫고 레고는 좋으니 그렇게 하고 싶은 이유는 알겠다. 편지까지 받은 마당에 너의 설득에 넘어가 주리라 마음먹었다.

엄마 저 솜씨 어대요. 맨 마지막에 보여주게요.

엄마 절 키워주셔서 감사합니다.

저안태 포겟몬 그리기 오늘부터 할래요.

엄마 사랑해요.

2017년 9월 13일 수요일

까푸꼭꼬꼬와 달콤마 포켓몬 그림도 있었다.

그렇게 앞에서 약속했지만 그리기는 잘 지켜지지 않았고 아들은 엄마를 위로하는 차원에서 편지를 쓰고 그 아래에다 몬스터를 세 마리 그려 주었다. 그러고는 그날도 역시 미술을 하지 않았다. 왜냐면? 자기는 돌봄 시간에 이 그림을 그렸기 때문에 안 해도 된다고 했다. 그래, 증거가 있으니 내가 넘어가는 걸로 했다.

사랑하는 아들

오늘 저녁에 준형이 형이랑 이모 오거든.

그래서 거실 장난감 딱지 치워 주면 너무 고맙겠어.

사랑해.

아들은 이 편지를 받고 거실에 있는 장난감과 딱지를 모두 치워 주었다. 나보다 더 일찍 오는 아들은 거실에 놓인 이 편지를 받고 무슨 생각을 했을까? 둘 다 같은 생각이었을 것이다. 편지가 사랑의 인사에서 목적 달성을 위한 용도로 변하고 있었다.

아들은 자신의 사랑을 표현해서 행복했고
나는 그 사랑을 받으니 세상 부러울 게 없었다.

우리의 사랑은 여전했지만 더 이상의 편지는 없었다. 그래도 최고의 러브레터였다.

힘 빼는 육아 *Key Point!*

어릴 때 친정엄마는 "난 세상에서 쥐가 제일 싫어."라고 말하고는 했습니다. 그 말이 제게 전염되어 저 역시 쥐를 싫어하게 되었습니다. 만약 우리 엄마가 설치류를 좋아하는 사람이었다면 저는 쥐를 무서워하지 않았을지도 모릅니다.
엄마의 말이 얼마나 중요한지요. 아이는 엄마의 생각을 믿습니다. 언젠가 아들에게 '너는 미술을 못하는구나'라는 말을 했습니다. 아들은 미술에 더 관심을 보이지 않았습니다. 제가 아들에게 그런 말을 하지 않았더라면 어땠을까요? 시간을 거스를 수 있다면 꼭 그러고 싶습니다.

3장

복잡한 집안일을 간결하게 하는 법

미니멀 살림의 전략

옷이 뒤집힌 것쯤은 내버려 두세요

"그런데 아들, 너 체육복 바지가 뒤집어진 거 같아."

"왜?"

"주머니가 똥구멍 쪽에 가 있잖아."

초등 1학년다운 표현을 썼다.

"아……. 괜찮아."

"그래?"

"뭐 그럴 수도 있지."

이 말은 엄마가 제일 잘하는 말이다.

"친구들이 보고 웃으면 뭐라고 할 거야?"

혹여나 놀림받을까 걱정되는 마음이었다.

"그냥이라고 하지 뭐."

"그럼 어른들이 보고 너 바지 거꾸로 입었다 하면 뭐라고 할 거야?"

어른은 선생님을 말하고 이 말의 속마음은 '너희 엄마랑 아빠는 도대체 뭐 하시는 분이길래 아침에 아들 바지가 돌아간 것도 모르고 아들을 문밖으로 보냈을까?'라고 생각할 이유조차 주고 싶지 않다는 것이었다.

"어른들은 그런 거 잘 못 봐."

"그래? 엄마는 잘 보이는데? 그래도 선생님이 '너 왜 바지 거꾸로 입었니?' 하면 뭐라고 할 거야?"

다시 한 번 확인 사살을 했지만 실패.

"그냥이라고 할래."

"그냥은 너무 짧아서 반말같이 들리는데?"

바지를 돌려 입지 않아서 시비 거는 마음일지도 모른다. 괜히 말투로 화두를 옮긴다.

"그럼, 그냥요. 할게."

"어른들한테는 짧게 이야기하는 게 예의에 어긋나 보일 때도 있거든. 그러니까 그럴 때는 '그냥 이렇게 입고 싶어서요.'라고 이야기하면 될 것 같아. 한번 해 봐."

"그냥 이렇게 입고 싶어서요."

"그래, 잘하네. 그런데 누가 혹시 놀리면 어떻게 할래?"

"부끄러우면 화장실에서 뒤집어 입을게."

"그래. 잘 다녀와. 사랑해."

어른들은 못하는 놀라운 아이의 생각

회색 체육복 바지 주머니가 엉덩이로 향해 있는 걸 아침에 발견했다.

다시 돌려 입으라고 이야기하진 않았다. 아이는 다시 입기 귀찮은 거 반, 다른 아이들의 관심을 사고 싶은 마음 반, 그래서 그 아이들을 웃기고 싶은 마음까지도 내 눈에 확연히 보였다.

'그래. 넌 아이들에게 관심받고 싶은 모양이구나. 너의 바지가 뒤집어진 걸로 아이들을 웃게 하고 싶은 마음이구나. 친구들에게 놀림거리가 되면 스스로 바지를 바꿔 입을 준비도 돼 있구나. 많이 컸네. 장하다. 짜식. 웃음이 피식 나왔다. 음……. 어른들은 그런 걸 잘 못 본다고 생각하는구나.'

퇴근하고 아들을 만났다. 아들의 바지는 여전히 거꾸로였다.

"애들이 뭐라고 안 했어?"

"웃더라."

"그래서 뭐라고 했어? 놀리진 않았어?"

"그냥 입고 싶어서 그랬다고 했어."

"선생님은 아무 말씀 안 하셨어?"

"응. 모를 거라고 했잖아."

아이가 하고 싶은 대로 둬도 괜찮다

선생님은 분명 아들에게 관심 없는 엄마라고 생각했을 거다. 엄마가 아침에 아들 바지 뒤집어진 것도 모르고 아들을 학교에 보냈을 거라 생각하셨을지도 모른다. 부끄러운 마음도 들었지만 매일 일어나는 일도 아닌데 그냥 넘겼다.

'그럼 어때? 내 치마가 돌아간 것도 아닌데…….'

아이가 하고 싶어 하는 것이 내 마음에 들지 않더라도, 내 성에 차지 않더라도 인정해 줘야 한다. 하고 싶어 하는 걸 했을 때 사람은 행복해지고 성공했을 때 더 큰 성공에 눈을 뜨게 되는 법이다. 하고 싶은 마음을 엄마의 힘으로 꺾어 버리니까 나중에 제 스스로 하고 싶은 게 아무것도 없어지는 것인지도 모른다. 그래서 초등 고학년만 되도 "하고 싶은 게 없어요."라며 의욕 부진, 의욕 상실이 문제가 되잖은가. 그제서야 "너 하고 싶은 걸 해 봐."라고 해도 애들은 이미 많이 당해 봤기 때문에 하고 싶은 게 하나도 없을지도 모른다.

아이들이 아무 생각 없이 살게 되는 건 아이들의 문제가 아니다. 누구 문제일까?

힘 빼는 육아 *Key Point!*

우리는 상사나 부모님, 친구, 가족의 인정을 받고 싶은 강한 마음이 있습니다. 아이들도 마찬가지입니다. 엄마 성에 안 차도 그럼에도 아이가 잘한 아주 작은 부분을 찾아내어 인정해 줘야 합니다.

사랑이 넘치는 예쁜 엄마, 에너지 넘치는 엄마가 되고 싶다면 유연한 몸보다 유연한 마음에 집중해 보세요. 유연한 마음이 생기면 내 기준이 넓어집니다. 그러면 아이와 다툴 일이 줄어듭니다.

헤어스타일까지 간섭하지 마세요

에라, 모르겠다. 그냥 잘라 버렸다.

매번 아들을 데리고 미용실에 가기가 여간 귀찮은 일이 아니었다. 머리카락을 자르러 간 건지 내가 헤어 디자이너에게 굽실거리러 간 건지 모를 지경이었다. 돈을 내는 사람은 나요, 고마워해야 하는 사람도 나요, 미안해해야 하는 사람도 나였다.

'에라이, 죽이 되든 밥이 되든 그냥 한번 해 보자'로 시작한 셀프 커트. 시작은 미약하였고 끝은 창대했다.

예전엔 아들 머리카락 한번 자르는 일이 정말 힘들었다. 앉아 있는 아들은 미용실에서나 집에서나 똑같이 힘들어했으니 문제는 나였다. 확 자르자니 바보가 될 것 같고 조금씩 자르자니 시간도 오래 걸리고 허리도 아프고 보통 일이 아니었다. 나중에 알게 된 사실은 확 자르든지 조금씩 자르든지 어차피 아들은 바보가 된다는 사실이었다(이러나저러나 바가지 머리였으니까).

그래도 아들의 동그란 얼굴과 바가지 머리는 내 눈에는(엄마 눈은 썩었다) 멋있고 너무 귀여워 보였다. 물론 우리 엄마는 제발 애 머리 망치지 말고 미용실에서 자르자고 했지만 꼬맹이 미용실 가격도 만만치 않았고 내가 자른 머리 모양을 아들도 나도 맘에 들어 했기에 그냥 모른 척 넘기는 경우가 많았다.

머리 모양을 엄마 마음대로?

그러던 어느 날 내가 하는 꼴이 너무나 마음에 안 든 엄마는 손자를 데리고 미용실로 직행했다.

15분을 기다리고서는 순서가 돼 자리에 앉았는데 미용실 헤어 디자이너가 이렇게 말했다.

"애기 머리카락 안 잘라도 되겠는데요. 어디 자르시게요?"

"아, 얘 엄마가 머리카락을 잘라 주는데요. 옆에 머리카락을 좀 다듬어 주시면 해서요."

"애 엄마가 머리카락 잘 잘랐는데요. 지금 괜찮아요. 정 그러시면 다음에 오세요."

이렇게 말하고는 할머니와 손자를 그냥 집으로 돌려보냈다. 엄마는 그 디자이너가 이상하다면서 왜 머리카락을 안 잘라 주느냐고 어이없어하셨지만 그 이후로는 엄마도 어느 정도 포기하신 것 같았다. 내 커트 실력을 전문가에게 인정받은 기분이었다. 물론 그날따라 그 디자이너가 아이 머리카락 자르는 게 귀찮았을 수도 있겠지만, 고마웠다.

그러던 어느 날 나의 심정에 변화가 일었다.

"아들, 머리카락이 너무 길어서 보기가 좀 그런데. 오늘 자를까? 엄마가 진짜로 5분 안에 머리카락 잘라 줄게(머리카락 자르게 해 달라고 나는 늘 아들을 꾀는 사람이 돼야 했기에)."

아들은 아주 시크하고 쿨하게, "이것 보고 할게." 아니면 "내일 자를게." 아니면 "다음 주에 자를게."라고 한다.

그러면 아들에게 향한 엄마의 애정 담긴 말은 허공으로 사라져 버린다. 몇 번 권유하다가 결국 포기하고 말았다. 내 머리도 아닌데 아들 머리가 장발장이 되버리든지 말든지 아들 머리 모양에 더 이상 간섭하지 않기로 한 것이다.

아이의 신뢰를 얻는 법

그러던 어느 날이다.

"엄마, 내 머리가 옆이 너무 긴 것 같지 않아? 좀 잘라야겠는걸?"

"그래? 엄마가 보기에는 괜찮은 것 같은데."

전혀 괜찮지 않았지만 일부러 튕겼다. 소심한 복수였을지도 모른다.

"아니야. 여기 옆이랑 뒤를 좀 잘라야 할 것 같아."

"생각해 볼게."

또 튕겼다. 며칠을 그렇게 튕기니 아들이 부탁을 했다.

"엄마, 머리카락 좀 잘라 주세요."

높임말이다. 이건 완곡한 부탁이다.

"괜찮다니까 좀 더 길면 옆머리를 귀 뒤로 넘기면 될 것 같은데."

고소하다. 놀리기 딱이다.

"꼭 오늘 잘라 주세요."

"그래? 그럼 네 할 일 우선 다 하고 와."

"네."

그렇게 몇 번을 튕기고 나서야 머리카락을 싹둑 휘리릭 잘라 주었다.

"역시 엄마가 최고예요. 미용실에서보다 더 빨리 자르자나요."

"호호호, 진짜? 고마워, 아들."

칭찬 한마디에 그 사이 언 마음이 눈 녹듯 사라졌다.

마트에서 일자 가위 하나, 숱 치는 가위 하나, 두 개를 한 세트로 거금 3천 원 주고 산 가위는 8년째 멀쩡하게 화장실 선반 안 첫 번째 칸, 일회용 칫솔 사이에 떡하니 꽂혀 있다. 나는 미용을 배운 적도 없고 어떻게 하는지도 몰랐지만 필요하니 실력이 늘었나 보다. 누가 봐도 엄마가 집에서 자른 머리카락인지 알겠지만 그게 뭐 중요한가?

아들은 엄마를 신뢰하고 엄마는 아들에게 인정받았다.

자기 머리 모양에 신경을 쓰고 주체성을 가진 아들로 변했다.

엄마에게 부탁할 줄 알고 감사하다고 이야기하는 아들에게 또 한 번 감사 인사를 전하고 싶다.

"아들, 파마 한번 해 볼래?"

"……. 엄마, 그런데 이 포켓몬스터가 진화가 될까요? 궁금하죠?"

아들. 너 참 많이 컸네. 말도 돌릴 줄 알고……. 파마는 진담이었지만 엄마가 포기할게. 걱정하지 마. 지금 머리에서 파마까지 하면 너는 100퍼센트 호박이 될 거야. 후후훗.

힘 빼는 육아 *Key Point!*

남자아이들은 커 갈수록 앞머리를 짧게 자르는 것을 싫어합니다. 엄마 눈에는 이마를 드러내야 깔끔해 보이는데 아들은 (제가 가르친 남자아이들 모두) 전혀 그렇게 생각하지 않았습니다. 앞머리를 짧게 자르는 걸 싫어하는 티를 내면 '훗 너도 이제 애기는 아니구나.'라고 간단하게 생각하시면 됩니다.

사춘기로 올라갈수록 남자아이들은 짧아진 앞머리 때문에 얼굴이 커 보이고 못생겨 보인다고 생각하기도 합니다. 이걸로 아이가 심각하게 우울해질 수도 있다는 점을 알아두면 좋을 것 같습니다. 이상 엄마들은 절대 몰랐던 아들의 심리였습니다.

엄마 눈에 쓰레기로 보일지라도 존중해 주세요

어린이집 시절부터 아들은 집으로 뭔가를 많이 들고 왔다. 아마도 어린이집 원장님은 아이가 어린이집에서 무료하게 시간을 보내지 않고 무엇인가를 끊임없이 하고 있다고 부모에게 광고하고 싶었나 보다. 괴상망측하게 생긴, 작품이라고 하기 뭣한 결과물들을 집으로 많이도 보내 주셨다. 처음에는 참 고마웠다. 정말 아들이 만들었나 싶었다.

"우와, 이걸 네가 다 만들었단 말이야? 대단한데! 정말 멋지다!"

처음에는 이런 반응을 열심히 보여 주었지만 시간이 지나면서 이 칭찬 또한 영혼 없는 울림이 됐다. 작품은 점점 누가 봐도 아이 혼자서 할 수 있는 완성도의 상태가 아니었고, 몇 번 보다 보니 그것들이 더 이상 참신하지도, 어떤 의미가 있지도 않았다. 어느 순간 나에게는 그 모든 작품이 쓰레기로 보였다(쓰레기봉투 많이 잡아먹는 부피 큰 쓰레기).

쓰레기를 내 돈 주고 사서 그걸 집으로 다시 가져오는 꼴이라고 해야 하나? 그 작품들이 집 안 곳곳에 점점 쌓여 가고 있었다. 이렇게 하다간 온 집 안이 쓰레기장으로 변하는 건 시간문제였다.

"아들, 그런데 이건 어디다 두면 좋을까?"

아들은 집에 들어오면 제일 잘 보이는 거실 한쪽 선반에 작품을 올려놓는 것을 좋아했다. 가끔 집에 오는 손님들의 눈길과 칭찬을 받을 수 있기 때문이기도 했다. 사실 알고 보면 그게 다 엄마가 물밑 작업("아들이 이런 것을 만들어 놓았으니 손님들이여, 아낌없이 칭찬해 주세요" 하는 제스처)을 해 놓은 것이라는 것을 평생 모르길 바랄 뿐이다.

"아들, 그런데 미술관에 가 봐도 같은 자리에 같은 그림을 계속 걸어 두지는 않거든. 매번 다른 작품을 전시해 놓는다는 말이지. 우리 집에도 네가 어렸을 때 만든 작품보다는 최근에 만든 걸 올려 두는 게 더 좋지 않을까? 엄마는 네 작품이 너무 좋지만 손님들을 위해서도 너의 새로운 작품을 더 많이 전시해 두는 게 좋을 것 같은데. 어떻게 생각해?”

그 이후 한쪽 선반에는 꾸준히 새로운 작품을 전시할 수 있게 됐다. 반의 반 평도 안 되는 자리에다 작품을 전시하자니 공간은 턱없이 부족했지만 그때마다 내가 직접 나서지 않아도 됐다. 이젠 자기 스스로 예전 작품을 버릴 줄 안다. 다행히 쓰레기는 아니니, 아들의 훌륭한 작품 세계는 항상 일정량을 유지할 수 있게 됐다.

힘 빼는 육아 *Key Point!*

모나리자 그림이 빛나는 이유는 하얀 벽면이 있어서가 아닐까요? 아이의 작품을 위한 장소를 마련해 주셔요. 스스로 뿌듯함을 느낄 수 있는 진열 공간을 만들어 주면 아이는 피카소가 될 수 있습니다. 대화를 통해 아이만의 작품 공간을 만들어 주고 그곳을 스스로 관리하고 정리할 수 있도록 하면 아이의 자존감도 지키고 집안 정리에도 도움이 될 겁니다.

아이가 할 수 있는 일은 습관화 시키세요

"엄마, 물 좀 주세요."

"응. 여기 있어."

어릴 때는 아이가 뭐든 달라는 말을 하는 것 그 자체가 좋았다. '네가 사람이구나. 말을 하는구나. 네가 물이 필요하다는 것을 아는구나.'라는 생각이었다. 그런데 이게 사람 마음인지라 나는 변했다. 다 귀찮아졌다.

"엄마, 물 주세요."

"네가 가져다 먹어."

"키가 안 돼요."

집에 정수기가 있으면 키도 닿고 물컵도 항상 옆에 있으니 아들이 혼자서 물을 먹을 수가 있을 텐데, 우리 집은 물을 끓여 먹는다. 어른인 나는 냉장고 바깥에서 홈 바를 딸깍 누르면 물을 쉽게 꺼낼 수 있지만 아들은 홈 바에 키가 닿지 않았다. 거기다 물통도 꽤 무거워서 아이가 하기에는 충분히 버거울 수밖에 없었다.

그런데 내가 매번 해 주는 건 귀찮았다. 그래서 꾀를 내었다. 500밀리리터 정도 들어가는 물통에 물을 채우고는 냉장고 맨 아래 칸에 넣어 두었다. 컵은 싱크대 제일 아래 서랍에 있던 쓰레기봉투와 일회용 비닐을 치워 버리고 그 칸에다 넣어 주었다.

"엄마, 물 주세요."

"냉장고 열어 봐. 젤 아래 칸에 네 전용 물통 있을 거야."

"컵 주세요."

"서랍 젤 아래 칸 열면 네 컵이랑 접시 넣어 놨어."

비스킷을 먹거나 과일을 먹거나 얼음을 먹을 때 필요했던 접시와 컵을 손이 닿는 위치의 서랍에 넣어 놓으니 따로 잔심부름을 안 해도 됐다.

'습관이란 게 무서운 거더군~.'

이런 노랫말이 떠오른다. 습관은 참 무섭다. 키가 닿지 않아 "물

주세요, 컵 주세요, 접시 주세요." 하던 아이가 키가 크고 어른이 돼도 그 무서운 습관으로 나에게 "엄마, 물 주세요." 하는 걸 보고 있을 수는 없었다.

아이의 습관을 만드는 것은 부모의 역할이다. 나는 아들의 습관을 책임지는 엄마다. 이 모든 것은 훗날 내 며느리에게 존경받는 시어미가 되기 위해서라고 구차하게 변명해 본다. 사실은 내가 귀찮아서 그렇다는 건 안 비밀이다.

힘 빼는 육아 *Key Point!*

아이가 스스로 할 수 있을 때까지 기다리기보다 스스로 할 수 있는 환경을 만들어 주세요. 그러면 아이가 스스로 할 수 있는 일을 습관화 합니다. 덩달아 엄마도 상상 이상으로 생활이 쉬워집니다.

정해진 시간에 아이의 일을 하도록 독려하세요

"아들, 오늘 무슨 요일이야?"

"금요일."

"무슨 날인지 알지?"

그놈의 레고가 문제다. 그놈의 미니 블록이 문제다.

처음에는 아이의 놀이방을 만들어 주고 거기서만 놀이를 하고 장난감을 가지고 놀라고 했다.

그러면 될 줄 알았다. 하하하(이 웃음의 의미를 아시는 분은 함께 웃어 주길 바란다). 그건 화장실에서만 방귀를 뀌라는 말이랑 똑같다고 해야 하나?

불가능하다. 아들은 나와 같은 공간에서 놀기를 원했고 거실에 있는 텔레비전을 보면서 같이 장난감을 만지길 원했다.

그래서 항상 집은 개판이었다. 아이가 어릴 때에는 아이에게 매일 시켰다. 잠이 와서 눈이 껌뻑껌뻑하는 아이에게 장난감을 정리하고 자라고 소리를 질렀다.

그게 되냐고요? 되는 집이 있는지는 모르겠지만, 나는 무참히 실패했다.

잠이 오기 전에 치우라고 하면 아이는 더 놀겠다고 떼를 썼다. 잠시 뒤돌아 집안일을 하고 나면 아이는 꾸벅꾸벅 졸고 있거나 타이밍이 이미 지나갔다. 아이를 재우고 내 손으로 장난감을 다 치워 깨끗한 거실로 만들고 잠들면 내가 아침잠을 깨기도 전에 그 거실은 신기루처럼 사라져 버렸다. 도대체 나는 누구를 위해 거실을 치우나?

아이에게 약속을 지키게 하는 일

깨끗한 거실을 즐길 수 있는 사람은 아무도 없었다. 그래서 그냥 포기했다. 내 일을 했다. 정리하는 시간에 책이나 보고 내가 하고 싶은 일을 했다. 대신 약속을 정했다. 금요일 저녁에는 거실에 장난감이 있어서는 안 된다. 이유도 항상 논리적으로 설명해 줘야 했다.

"금요일 저녁에는 거실에 장난감을 모조리 치워 주길 바라. 이유는 엄마가 청소해야 하기 때문이야. 장난감 때문에 청소를 못 하잖아. 매일 네가 치워 주길 바라지만 그러면 네가 너무 힘들어하니까 일주일에 한 번으로 정했어. 그리고 주말에는 엄마가 깨끗한 거실에서 지내고 싶어. 네 장난감 때문에 흐트러진 거실을 보면 엄마가 많이 답답하고 화가 나. 평일에는 엄마가 이해해 줄 테니까 주말에는 네가 좀 이해해 주면 좋겠어."

"알았어."

극적 타결(?)로 금요일 저녁, 아이가 자고 난 뒤에 깨끗한 거실에서 영화를 볼 수도, 텔레비전을 볼 수도 있게 됐다. 토요일 오전은 일어나서 깨끗한 거실을 보며 차도 마시고 책도 볼 수 있게 됐다. 주말 나들이를 다녀오고 난 뒤 어질러진 거실을 마주하지 않게 됐다. 그렇게 합의점을 찾을 수 있었다.

"아들, 금요일에 약속된 시간이 언제지?"

"여덟 시."

"여덟 시에는 바닥에 떨어지거나 거실에 있는 모든 장난감은 다 쓰레기통에 버리는 거 알지? 지금 몇 시지? "

"알았어."

시계를 보던 아들은 한숨을 훅 쉬며 일어나 장난감을 정리하기 시작했다. 물론 절대 도와주지 않는다. 이것은 나의 일이 아니라 철저하게 아들의 일이기 때문이다.

'아들, 너는 이 시간이 되면 한숨이 나오지? 나는 이 시간만 되면 콧노래가 나와. 너의 한숨은 내가 못 들은 걸로 할게. 수고해라.'

힘 빼는 육아 *Key Point!*

진짜 '정리'가 되려면 물건을 정리할 자리를 만들어야 합니다. 칫솔은 화장실에 있고, 냄비는 싱크대 아래에 있는 것처럼 아이의 물건도 자리를 정확히 정하면 아이 스스로 어디에 둬야 할지 아는 힘이 생깁니다. 대신 공간의 크기와 부피가 너무 딱 맞아 떨어지지 않게 해 주세요. 장난감 박스가 꽉 차지 않고, 책장도 너무 빼곡하지 않도록 여유를 줍니다.

무엇이 잘못되었는지 깨닫게 하세요

세탁기에서 한 짐을 또 내렸다. 겨울에는 옷이 두꺼워 한 짐이고 여름에는 만날 벗어 던져서 한 짐이다.

깔끔한 엄마도 아닌데 아들은 유독 옷 갈아입는 것을 좋아했다. 그렇다고 또 입으라 할 수도 없고 난감했다.

사실 문제는 빨래의 양이 아니다. 뒤집어진 빨래가 나를 제일 화나게 한다. 양말도 헤딱. 바지통은 하나만 헤딱. 티셔츠의 소매통도 하나만 헤딱. 헤딱헤딱이다. 차라리 두 짝 다 뒤집어 놓으면 그래도 나을 텐데, 빨래 통엔 한 쪽만 뒤집어진 옷 천국이다.

빨래 돌리는 것은 그렇다 치자. 빨래를 널고 또 그걸 개고 또 정리하고…… 빨래 하나 하면서 내 손은 참 바쁘다. 거기다가 양말도 하나 하나 뒤집어 정리하고 나면 진짜 욕이 목구멍까지 올라온다.

건조기라도 있으면 시간을 절약해서 좋을텐데 이참에 사 버릴까 하는 마음과 이제까지 없이 잘 살았는데 더 참자는 두 마음이 옥신각신했다. 짜증을 내서 무엇하리요. 내 주름만 늘고 나는 보톡스를 맞아야 하고…….

방법을 바꿨다. 내 방법은 이렇다.

- 양말이 뒤집어진 채로 그대로 빨았다.
- 양말이 뒤집어진 채로 그대도 널었다.
- 양말이 뒤집어진 채로 그대로 개었다.

바지가 한 쪽만 뒤집어져 있으면 한 쪽만 뒤집어진 채로 빨아 버렸다. 답답한 사람이 뒤집겠지. 일일이 말하는 것도 지겹고 다시 뒤집는 것도 지겨웠다.

아들은 아침에 일어나 양말을 신으려다가 어리둥절해 했다. 양말이 죄다 뒤집혀 있고 바지도 뒤집혀 있었기 때문이다. 평소와 다른 옷가지를 들어 올리며 고개를 갸우뚱거리던 아들은 나에게 이렇게 물었다.

"엄마, 이게 왜 이렇죠?"

"그러게. 세탁기가 그런 건가? 엄마도 모르겠는걸."

설명은 이미 수도 없이 했다. 아들도 안다. 뭐가 문제인지. 이제 내 손을 떠났다.

그러고 나서 어떻게 됐을까? 아들은 여전히 양말을 뒤집어 내고, 바지도 뒤집어 빨래 통에 넣는다. 하지만 왜 빨래가 뒤집어져 있냐고 나에게 물어보지 않는다. 자기도 이유를 안다. 아침마다 아들은 군소리 없이 뒤집혀 있는 옷을 다시 뒤집어 입고 간다. 답답한 사람은 없다. (나중에 알게 된 사실, 양말은 뒤집어서 빠는 게 더 깨끗한 세탁법이라고 어느 전문가가 말하는 걸 들었다.) 이렇게 빠나 저렇게 빠나 사실 아들의 양말 때는 쉽게 쏙 빠지기 어렵다. 그러니 됐다.

엄마가 할 일이라고 생각하기

아이는 어리다. 나이가 들어도 옷을 뒤집어 내는 사람이 천지다. 이걸 고치기 위한 방법은 딱 하나다. 뒤집어 벗어 놓은 놈이 빨래를 돌리고 널고 개고 정리하는 걸 수차례 반복해 보고 그 노고를 알지 않으면 고치기 어려운 문제라고 본다.

결혼하기 전에는 엄마가 빨래해 줄 때까지만 해도 아빠에게 양말 뒤집어 내지 말라는 잔소리가 그렇게 진심으로 다가오지 않았다. 그런데 해 보니 그게 아니다. 진짜 진절머리 나게 싫다. 그런데 아들이 그 깨달음을 얻기에는 시간이 너무 많이 걸린다. 매번 빨래를 하면서 나는 소리치기도, 고함 지르기도, 욕하기도, 스스로를 슬프게 하기도 싫다. 그래서 인정했다. 그리고 그 책임 또한 아들이 고스란히 가져가는 걸로 택했다.

매번 옷과 양말을 뒤집어 입어야 하는데도 불평을 안 한다. 아무렇지도 않은가 보다. 그래서 나도 아무렇지 않은 일이라고 생각하기로 했다.

힘 빼는 육아 *Key Point!*

아이가 세탁기에 옷을 넣게 하면 더없이 좋겠지만 그게 어렵다면 욕실 옆에 예쁜 빨래통을 만들어 주는 건 어떨까요? 제 경험상 너무 크지 않고 뚜껑이 있는 통이 좋았습니다. 미관상으로도 좋고 아이에게 잔소리할 일도, 허리를 굽혀 빨래를 주워 담을 필요도 없었습니다. 다시 한 번 말하지만 아이의 행동을 변화하게 하는 방법은 잔소리와 훈계가 아니라 환경을 만들어 주는 것입니다.

비우고 채우는 경험을 시키세요

첫 손자로 태어난 아들은 경쟁자가 많지 않은 관계로 시가에서도 친정에서도 사랑을 많이 받고 자랐다. 사랑의 의미는 여러 가지가 있겠지만 경제적인 부분에서 특히 장난감 찬스가 끊임없이 많았다.

여길 가도 "뭐 사 줄까?"

저길 가도 "뭐 필요한 거 없어?"

전화하면 "너 갖고 싶은 거 사 줄게. 생각해 와."

얼마나 사랑스런 손자 녀석이겠는가?

그렇게 장난감은 눈덩이처럼 불어났다. 또봇, 카봇, 다이노포스, 그러고 나서는 이름도 생각나지 않는 자동차 변신 로봇, 터닝메카드, 총, 로봇 트레인 장남감 등등 장난감 세례는 끝이 없었다.

사실 거기에 들어간 내 돈은 한 푼도 없다. 장난감은 너무 비싸고 할머니, 할아버지, 삼촌, 외숙모, 고모의 찬스는 가히 위대했다. 그래서 내가 돈을 쓸 이유가 없었다(물론 그 돈이 있었다고 해서 호락호락 돈을 쓸 사람도 아니었지만 말이다). 그런데 문제는 집이 토이저러스(장난감, 유아 용품 전문점) 빰친다는 것이었다. 정리해도 한순간이고 온 집 안이 장난감 더미에 파묻혀서 텔레비전만 반짝거렸고 침대 자리만 온전했다. 더 이상 이렇게 살 수는 없었다. 장난감에 파묻혀 살기도 싫었다.

아이에게 허락받고 물건 처분하기

"아들, 이제부터 우리 장난감 정리를 해야겠어. 엄마가 네 장난감 때문에 너무 힘들어. 안 쓰는 것은 좀 정리하면 어떨까?"

"싫어."

방법이 필요했다. 아들이 미끼를 덥석 물 수 있는 것이 뭘까 고민하기 시작했다. 생각보다 내 머리는 녹슬지 않았다. 스스로에게 감탄했다.

치사한 엄마는 이렇게 말했다.

"이제부터는 새 장난감을 살 수 없을 것 같아. 왜냐면 우리 집이 너무 좁아서 더 많은 장난감을 둘 자리가 없어진 것 같아."

장난감용 텐트에는 서로 얽힌 로봇들이 가득했다. 아들도 인정했다. 그러더니 순순히 내가 바라는 방향으로 물꼬를 텄다.

"엄마. 그러면 이 장난감을 좀 정리하면 좋을 것 같아."

"그래? 그럼 버릴 장난감을 좀 찾아볼까?"

"응."

대답만 '응'이었다. 아이가 고심해서 버릴 장난감으로 지목한 것은 팔이 없는 천 원짜리 장난감 두 개, '이게 과연 우리 집 장난감인가? 도대체 어디에 숨어 있었니?'라고 의심이 될 만한, 장난감이라고도 할 수 없는 플라스틱 조각 몇 개가 전부였다. 고작 그것만 버리겠다고 말했다. 나머지는 다 아끼는 거라며. 소중하기 때문에 버릴 수 없다고 했다.

새 전략이 필요했다.

머리를 잠시 굴렸을 뿐인데 기막힌 생각이 떠올랐다. 나는 천재였다.

"아들, 장난감 팔고 난 돈으로 새 장난감을 사는 건 어떨까?"

"응? 새 장난감?"

"그래. 필요없는 헌 장난감을 팔아서 생긴 돈으로 새 장난감을 살 수 있어."

"좋아. 그러자!"

함께 상의하고 행동하는 것이 중요한 이유

그 당시 나는 미니멀 라이프에 심취해 있었다. 옷 정리가 너무 안 됐기 때문에 시작했다. 물건을 대하는 태도에 아들과 나의 공통점이 있었다. 아들은 쓰던 장난감을 사랑해서 버릴 수 없었고, 나는 입던 옷을 사랑해서 버릴 수 없었다. 그 결과 나는 새 치마를 하나 사기 위해서 헌 치마 두 개를 버리는 방법을 택했다. 옷 관리를 잘해서 10년, 15년이 넘도록 입고 다니는 옷도 많았기 때문에 옷장은 숨 쉴 틈이 없었고 정리해도 그날 그 순간뿐이었기에 버리는 것이 답이었다.

아들의 장난감도 같은 이치를 적용했다. 처음에는 누구에게 주거나 버리려고 했는데 장난감은 10년 동안 쓴 것도 아니고 손이 부드러운 아이여서 망가지거나 고장난 것도 거의 없었다. 그래서 장남감을 파는 것으로 결정했다.

"장난감 두 개를 팔면 장난감 하나를 살 수 있어."

"왜 두 개를 팔면 하나가 생겨? 두 개가 생겨야지?"

"중고잖아. 네가 쓰던 거랑 새거랑 가격이 다르니까 어쩔 수 없는 거야."

"음……. 그렇구나. 그럼 이거 두 개를 팔고 신형 변신 로봇을 사 주세요."

"그건 좀 곤란할 것 같아. 왜냐면 이 두 개를 팔아도 엄마 생각에는 5천 원도 안 될 것 같거든. 네가 사고 싶은 건 10만 원도 넘잖아."

"그럼 어떡하지?"

"절대 팔면 안 되는 것만 여기 담아 봐."

그렇게 절대 팔면 안 되는 것을 한 박스에 담고 남은 장난감을 정리하기 시작했다.

"아들, 이걸 팔려면 인터넷에 올려야 해. 그런데 장난감이 더러우면 사람들이 사지 않을 거야. 너도 더러운 장난감을 사고 싶지 않겠지?"

"응. 그럼 물티슈로 닦아야겠네."

"맞아."

물티슈로 묵은 먼지를 깨끗이 닦고는 사진을 찍었다. 아들에게 직접 사진을 찍어 보게도 했다. 그렇게 꽤 괜찮은 장난감을 중고 시

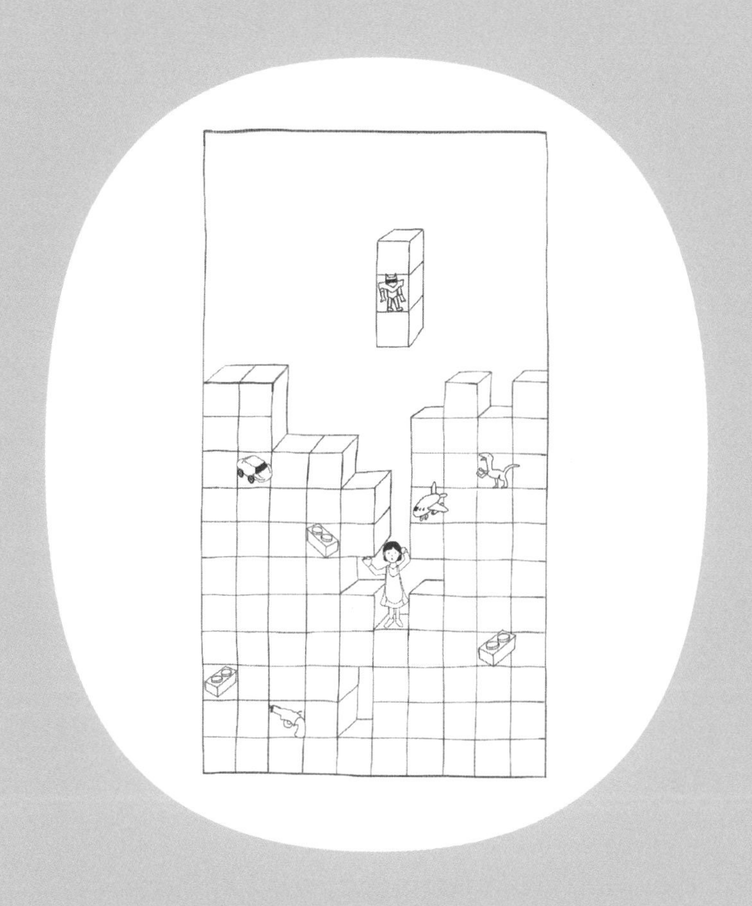

더 이상 이렇게 살 수는 없었다. 장난감에 파묻혀 살기도 싫었다.

장에 올리자마자 바로 문자가 쏟아졌다. 참 신기하게도 올리자마자 연락이 수두룩해서 처음에는 놀라기도 했다. 처음으로 연락한 사람과 거래를 마쳤다. 아들도 나도 반쯤 흥분 상태였다.

"아들, 이것들을 택배에 보내려면 뭐가 필요할까?"

"상자."

희한하게 아들은 새 장난감 박스를 버리지 않고 모으는 습관이 있었다. 집 정리를 위해서 박스를 제발 좀 버리자고 사정해도 싫다고, 자기에게는 중요한 물건이라고 한사코 거절하더니…… 남겨 둔 박스가 신의 한 수였다. 중고 사이트에서는 박스째로 거래할 때 좀 더 높은 가격을 받는다. 아들에게 고마웠다. 옷장 하나가 박스로 가득 차 있어서 정말 (속으로) 욕을 많이 했는데 이렇게 기쁠 수가. 장난감은 날개 돋친 듯 쭉쭉 잘도 팔려 나갔다.

그렇게 며칠 물티슈로 장난감을 닦고 사진을 찍고 적당한 가격을 검색하고, 올리고, 문자 받고, 거래했다. 또 올리고, 문자 받고, 전화 받고, 거래하기를 계속했다.

뽀로로 장난감부터 시작해 구석에 있던 아기 띠까지 팔았다.

우리 집은 점점 넓어졌다. 수입은 정말 짭짤했다. 10만 원짜리 장난감 몇 개는 거뜬히 사 주고도 남을 엄청난 금액이 모였다. 당연히 아들은 새 장난감을 가졌고 기뻐했다. 나는 박스가 없어진 넓은 옷장과 장난감이 줄어든 아들의 방을 보며 뿌듯했다.

행복했다. 여윳돈으로는 치킨도 시켜 먹고, 아이스크림도 먹었다. 물론 아들에게 중고 거래로 생긴 수입과 지출을 세세히 이야기하지 않았지만, 비워내는 과정을 거치며 우리가 행복한 시간을 보냈기에 아들도 만족했다고 생각한다.

힘 빼는 육아 *Key Point!*

중고 거래는 타이밍이 중요합니다. 아이가 실컷 가지고 놀고 나면 유행이 바뀌고, 그러면 아무리 깨끗한 장난감이라도 판매할 수 없기 때문입니다. 이 또한 교육 일부가 됩니다. 수요와 공급이 뭔지 어려운 말로 설명을 하지 않아도 아이 스스로 이 순환 경제 시스템을 이해하게 된답니다. 게다가 중고 물품을 올릴 때 사진을 깨끗하게 찍어야 하니, 덤으로 물건을 깨끗이 써야 함을 터득하게 됩니다.

살림, 할 수 없다면 아웃소싱하세요

부자가 되는 가장 기본적인 방법은 바로 아웃소싱이다. 내가 하지 않아도 되는 일은 남에게 맡기고 내가 제일 집중해야 할 일, 남이 하지 못하는 일에만 신경을 쏟는 것이다. 남이 할 수 있는 일은 남이 한다. 그 시간에 나는 차라리 논다. 놀아야지 새로운 아이디어가 떠오르고 창의성이 올라가고 일의 효율성이 극대화된다.

그랬다. 내가 제일 행복한 순간이 바로 집안일을 아웃소싱할 때다. 식기세척기가 돌아가고 세탁기가 돌아가고 무선 청소기로 거실을 청소할 때 뭔가 아웃소싱을 제대로 시킨 듯, 부자가 된 기분이랄까? (로봇 청소기에게도 아웃소싱을 시켜 보았지만 당장 해고해 버리고 말았다. 그

녀석이 손이 더 가고 시끄럽고 신경만 더 쓰이는 거북이 같았기 때문이다.) 나의 행복을 위해 앞으로는 세탁기 위에 드라이어를 하나 구입해 놓아야겠다고 생각하고 있다.

내가 제일 행복한 순간은 또 있다.

오랜만에 친구를 집에 초대하고 손수 밥을 차려 먹인다. 그녀는 내 요리 실력에 깜짝 놀란다. 정말 맛있다며 연신 칭찬한다. 그것이 겉치레 인사가 아님을 그녀도 나도 알고 있다. 내가 먹어도 정말 맛있다. 식사를 끝내면서 나에게 이 조림 장은 도대체 어떻게 만드느냐고 물어본다. 나는 대답한다.

"나도 몰라. 나는 밥만(사실 밥도 전기밥솥이 한 거지만) 한 거거든. 이거 내가 정말 열심히 찾은 반찬 가게에서 사 온 거야. 우리 집에서 꽤 멀긴 한데 그래도 보람이 있어. 끝내주게 맛있지?"

살림할 시간을 줄여 주는 시판 음식

반찬은 잘하는 데서 사 먹으면 된다. 매일 똑같은 반찬을 먹는 것보다 내가 무엇을 만들지 고민하고 찾아보고 장보고 재료 손질하고 요리하고 집 안 냄새 풍기고 냄비 씻고 허리 아프고 하는 것보다 사 먹으면 그 모든 순간이 아웃소싱이 된다.

우리 집은 다행히 반찬을 많이 먹지도 않고 대식가 식구들도 없어서 차라리 이게 훨씬 경제적이라는 사실을 최근에 알게 됐다. 다양한 음식을 제공하고 맛보게 하는 것이 아들의 미각과 나의 평안을 위한 좋은 선택이었다고 굳게 믿는다. 전혀 미안하지 않다. 그 반찬 가게는 MSG를 쓰지 않는 것 같다. 반찬을 안 먹으면 반찬이 상한다. 그래서 참 좋다.

40년 동안 엄마가 반찬 사는 것을 본 적이 없었다. 아빠가 좋아하는 젓갈 정도만 사시는 분이었다. 까다롭고 고급스러운 입맛을 가진 아버지 때문에 엄마의 음식 솜씨는 한식 전문가 수준이 되었고, 우리 가족은 외식보다 집밥을 더 선호할 수밖에 없었다. 밖에서 사 먹는 음식이 엄마의 음식보다 별로였고 당연히 푸짐할 수 없었다. 그래서 점점 엄마는 행복해졌고 동시에 점점 불행해졌다. 그것이 당연하다고 생각하며 살아오다가 시집을 오고 내 냉장고의 안주인이 되면서 엄마가 얼마나 큰일을 하고 사셨는지 알게 됐다.

빼어난 음식 솜씨를 가진 엄마도 나이가 들었다. 나이가 들면서 의사에게 몸을 맡겨야 하는 순간이 생겼다. 그러길 몇 년이 지나니 엄마의 혀도 같이 늙어 버렸다. 하긴 자식들도 다 떠나보내고 아빠와 두 식구가 사는 집에서 매일 새 반찬을 올리는 일은 여간 고역이 아닐 수가 없었다.

친정엄마 찬스를 이용하자

그래서 나는 엄마에게 강제로 아웃소싱해 버렸다. 사 온 반찬은 입에도 대시지 않는 아버지를 위해 나는 내가 산 반찬을 우리 집 반찬통에 옮겨다 놓고 엄마 집을 방문하는 날 냉장고에 넣어 드리고 왔다. 당연히 부모님은 내가 한 음식이라고 생각하셨고 딸이 드디어 철이 들었다고 고마워하시며 맛있게 드셨다. 그러길 몇 번, 이제는 가게 상호가 적힌 플라스틱 통째로 엄마 집 냉장고에 넣어 놓았는데, 사 온 것이라고 손사래를 치시던 아버지도 어쩔 수 없이(엄마가 그것들을 상 위에 올리시니까) 맛있게 드셨다. 자동적으로 엄마의 미소는 깊어졌다.

'엄마……. 엄마도 이제 좀 편하게 살자. 엄마가 왜 그렇게 늘 나가서 먹자고 하셨는지 이제야 이해돼. 철없이 굴어서 참 미안해. 반찬도 사 먹어야 반찬 가게도 함께 살지. 만 원의 행복에 엄마도 동

참해도 괜찮아. 절대 나쁜 게 아니야.'

처음엔 다음에는 이런 거 가져오지 말라고 손사래를 치시던 엄마도 어느새 은근 나의 반찬 방문을 기다리시는 눈치다. 나는 그게 또 은근 행복하다.

'엄마, 나 이제 김장 김치 그만 가져갈게. 그게 다 엄마의 주름이란 걸 이제야 깨닫네. 시집가고 도둑질 많이 한 딸이라 미안해 엄마. 이제 철들었으니까 우리 좀 더 행복하게 오래오래 살자. 엄마 미안하고 고맙고 사랑해.'

힘 빼는 육아 *Key Point!*

식기세척기는 저에게는 구세주 같은 존재입니다. 식기세척기를 통해 살림의 아웃소싱을 했습니다. 가끔 식기세척기 돌리고 그릇을 정리하기 어렵다는 사람이 있는데, 잘 안 쓰는 그릇은 모아서 맨 위로 쌓아 올리거나 버리는 것을 추천합니다. 식기세척기가 가득 차서 돌아가는 순간에 수납장이 휑하도록 최대한 그릇 수납장이 여유롭게 만듭니다. 그렇게 되면 정리가 한결 편해지고 쉬워집니다. 한번 습관이 되고 나면 인생에서 3년의 세월을 아낄 수 있습니다.

집안일 하는 날을 정하세요

이제껏 너무 열심히 살았다. 앞뒤 살펴보지 않고 너무 달렸다. 달리기에 재능이라도 있었다면 전국 체전이라도 나가서 메달이라도 노려 봤을 텐데. 달리기는 늘 변함없이 5등이었다.

12년 공부를(열심히 하진 않았지만) 힘들게 했고, 대학에 들어갔고, 취직을 위해 노력했고, 취직 생활에 적응하기 위해 열심히 달렸고, 남처럼 살겠다고 결혼하고, 임신하고, 출산하고, 수유하고 하악하악 숨이 찬다.

그런데 쉴 수가 없다. 육아서를 읽고, 이유식을 만들고, 좋은 엄마가 되려고 별짓을 다하고, 그래도 또 달렸다. 매일 잔소리로 사랑을 표현하고, 서러움으로 눈물을 삼키고, 참고 또 인내하고 참고 또 인내하며 달렸다. 에라, 모르겠다. 이젠 더 이상 못 해 먹겠다.

'내가 엄마라고 애만 바라보고 살아야 해?'

'내가 엄마라고 육아에만 매달려야 하느냐고!'

집안일이란 게 무슨 소금이 쉴 새 없이 흘러나오는 동화 속 맷돌처럼 끊임없이 나온다. 빨래해서 널고 말리고 정리하면, 또 빨아야 한다. 설거지는 뒤돌아서면 언제나 그 자리에 가득하다. 청소는 해도, 또 해도, 먼지가 항상 그 자리에 꼼짝없이 앉아 있다. 왜 해도 해도 먼지는 사라지지 않는 거냐? 새집으로 이사를 가야 하는 건가? 대형 청소기를 하나 들여서 24시간 계속 돌리면 좀 나아질런가?

쳇바퀴를 도는 햄스터를 보면 '쟤는 저렇게 하고 밥 먹고 똥 싸면 그만이잖아. 지가 지 똥 치워야 하는 거 아니고 해바라기씨 채취하려고 씨앗 심고 거름 주고 따서 말려야 하는 거 아니니까 저렇게라도 쳇바퀴 돌면서 소화시키는 거지, 근데 난 이게 뭐냐?'

끝없이 몸을 움직이며 집안일을 해도 살이 빠지지도 않는다. 집안일 스트레스는 신기하게도 안 해도 쌓이고, 할수록 더 쌓였다. 그래서 나는 나만의 시간표를 짜기로 했다.

주중에는 일해야 하니까 좀 적당히 살기로(완벽한 거실을 포기하겠다고 선언하며) 마음먹었다. 주말에 맞춘 힐링 타임을 위한 시간표를 짰다. 토요일 아침을 만끽하기 위해서 집안 청소는 금요일에 하기로 했다. 아들의 널브러진 장난감을 정리하는 날이 금요일이기 때문이기도 했고 장난감이 없어야지 내가 청소하기 편해서였다. 일단 거실에 장난감이 하나도 안 보이는 것만으로도 주말 아침 우리 집 거실은 한순간에 호텔로 변신했다(물론 내 눈에만 그렇다).

금요일에는 청소하고, 목요일은 빨래하는 날로 정했다. 목요일에 빨래 돌리고 금요일에 청소하기 전, 마른 빨래를 개고 정리하면 더 깔끔해 보이니까. 이럼으로써 주말에는 빨래더미를 보지 않아도 되고 거실은 더 깨끗한 느낌이 들었다. 그 외에는 어떻게 하냐고? 신경 끄기다!

집안일에도 필요한 신경 끄기의 기술

신경 끄기도 기술이 필요하다. 집안일을 해야 한다고 생각하면서 안 하면 계속 힘들다. 내가 해야 할 일은, 아니 주부가 해야 할 일은, 아니 주부가 하지 않아도 되는 일은 없다. 생각하는 것 모두가 주부가 해야 할 일이다. 그렇게 생각하고 평생을 살아왔다. 내가 다 해야 하는 일이라고, 하지 않으면 안 된다고, 그건 직무유기라고, 나쁜 것이라고 생각했다. 그런데 꼭 그래야 하는 일일까?

주부는 집안일하는 사람이다. 그래서 나는 주부가 되기를 포기했다. 무조건 안 하겠다는 것이 아니다. 도우미 아주머니를 고용해서 집안일을 떠넘기겠다는 것도 아니다. 다 알지 않는가? 아주머니가 일주일에 두세 번 오신다고 해서 내가 할 일이 줄어들지 않는다는 것을. 다만 내가 하고 싶은 일에 좀 더 집중하겠다는 것이다.

제일 깨끗한 방이 안방이다. 여기는 아들의 장난감이 침범할 수 없는 유일한 안전지대이기 때문이다(반대로 안방을 제외하고 모든 곳이 장난감 지대라는 것을 의미한다). 거기서 나는 본격적으로 책을 읽기 시작했다.

장난감 프리 선언을 한 안방에서 나는 책을 읽고 썼다. 아들은 거실에서 텔레비전을 보고 혼자 깔깔거리고, 나는 안방에서 책을 읽고 혼자 낄낄거렸다.

남들은 다 의아해했다. 어떻게 집에서 책을 보고 쓰느냐고? 그것도 아이가 있는 집에서 그게 가능하느냐고? 가능하다!

아주 단순하다. 주부라는 직업을 포기해 버리면 그만이다. 나는 더 이상 주부가 아니다. 나는 그냥 나다. 주부의 일은 내가 좋아하지도, 잘하지도 못한다. 그러니 내 삶이 불편하지 않을 정도만 아니, 좀 더 사실적으로 이야기하면, 내가 그리던 집만 버리면 된다. 완벽해지고 싶다는 몹쓸 욕심을 버리면 된다.

포기도 선택이다. 욕심을 버리는 것은 절제다. 완벽하게 깔끔하고 정갈한 집을 가진 주부가 되려면 히스테리가 따라붙는다. 그런 히스테리를 부리면서 깨끗한 집에 살지 않겠다. 그래도 괜찮다. 내가 하고 싶은 일에, 생산적이든 그렇지 않든 그것을 떠나 내가 하고 싶은 일에 좀 더 집중하겠다. 내가 잘하는 일에 시간을 쏟겠다.

집안일 하는 하루 할당량 정하기

물론 엄마라는 직업은 아주 적당하게 사랑한다. 그래서 24시간 중에 15분을 투자하기로 마음먹었다. 24시간 중에 24분도 아닌 고작 15분은 참 적어 보인다. 하지만 매일 강도 높은 15분 운동은 어렵지 않은가?

아이와 온전히 15분을 놀아 주는 일은 하기 싫은 운동만큼이나 나에게는 분명 결단과 의지와 노력이 수반돼야 하는 일이었다. 아이를 챙기는 것은 책임감의 일부분이기에 당연히 15분과 별개다.

포기도 선택이다. 욕심을 버리는 것은 절제다.
완벽하게 깔끔하고 정갈한 집을 가진 주부가 되려면 히스테리가 따라붙는다.

다른 일을 다 제쳐 두고 아이가 원하는 시간에(대부분은 그렇게 하려고 노력) 아이가 원하는 장난감으로 아이가 원하는 방식으로 놀아 준다. 그게 내 일과의 중요한 점이었다. 그리고 또다시 오롯이 네(4) 시간의 내 시간을 가진다. 아이의 친구가 와도 나는 네 시간을 지킨다.

삶은 공평해야 한다. 나를 행복하게 하는 시간을 포기한다면 주부라는 이름도, 엄마라는 이름도 무색해진다. 그래도 괜찮다. 엄마는 엄마의 삶을 사랑하고 열심히 살고 그러는 데 최선을 다한다. 열정이 넘치는 일을 즐겁게 하고 행복해한다. 그 모습을 아들은 관심 없어 하면서도 지켜보고 있다. 내 시간을 포기할 수 없다. 나는 그래도 된다. 오늘도 나는 최선을 다했으니까.

힘 빼는 육아 *Key Point!*

일 년에 한두 번 날짜를 정해 제일 큰 쓰레기 봉지를 식구 수대로 사서 한 장씩 나눠 주세요. 그리고 안 입는 옷을 정리하자고 이야기합니다. 의외로 아이들이 더 빨리 골라내기도 합니다. 정리를 하면서 아이에게 "이거 한 봉지 다 채우면 용돈 줄게."라고 이야기합니다.

고기도 먹어 본 사람이 잘 먹는 것처럼 버리는 일도 해 본 사람이 잘합니다. 아이가 비워낼 수 있도록 시켜 봅시다. 커다란 쓰레기 봉지가 가득 차서 집 밖으로 걸어나가는 모습을 보면 감격스러울 겁니다.

4장

엄마와 아이의 행복한 홀로서기

미니멀 육아로 찾은 주체적인 삶

아이에게 엄마의 장점을 말해줍니다

"엄마, 오늘 스케줄은 뭐예요?"

"오늘은 봉사 활동 가는 날이야."

"어디로 가요? 병원에 가요? 도서관에 가요?"

"오늘은 병원."

봉사 활동을 간다고 아들한테 자랑 아닌 자랑을 했다.

"아들. 잠시만 이리 와 볼래?"

"네."

"이것 봐. 멋지지?"

"이게 뭔데요?"

"이 책을 쓴 분이 엄마한테 사인해 주신 거야."

"만났어요?"

"응. 진짜 멋지지? 오늘 엄마가 이분 강연회를 들으러 갔거든. 너무 멋진 분이라서 가기 전에 책도 미리 사서 읽고 갔지. 강연회 마치고 책 들고 가서 사인도 받았어. 너무 기분이 좋더라고. 네 이름도 여기 있어. 엄마가 이야기해서 네 이름 써 달라고 했거든."

"와~ 진짜네요. 신기하네요. 공부는 열심히 했어요?"

"당연하지. 선생님이 아들한테 사랑한다고 말 많이 하고 많이 안아 주라고 했어. 그래서 엄마는 그렇게 하려고 노력하려고."

사실 거짓말을 조금 했다.

강연회에 간 것도, 아들 이름으로 사인을 받은 것도 맞다. 그런데 내용은 부모 교육이 아니라 인문학 강좌였다. 인문학이 어쩌고 저쩌고 이야기해도 어차피 유치원에 다니는 아들은 이해하지 못한다. 유치원에 다니는 아들에게 철학을 이야기하면 아들은 내가 재미없는 이야기를 늘어놓는 사람이라고 생각할 것이다. 차라리 포켓몬 이야기를 하는 것이 아이 귀를 더 쫑긋 하게 만들어 주는 것이라는 걸 알고 있으니까.

아이에게 멋진 사람으로 보여야 하는 이유

나의 메시지는 이러하다. 엄마는 봉사 활동을 다니는 사람이다. 아침 시간을 헛되이 보내지 않으려고 노력하는 사람이다. 남에게 도움이 되기 위해 힘쓰는 사람이다. 엄마는 꾸준히 공부하는 사람이고 너를 잘 키우기 위해서 노력하는 사람이다. 선생님의 말씀을 잘 듣고 좋은 말씀대로 실천하는 사람이다. 책을 사 보는 사람이다. 강연회에 참석하고 작가에게 사인도 받는 사람이다. 그리고 글도 쓰고 있다.

뭔가 멋있지 않은가? 내 착각인가?

보여 주는 삶을 살고 싶다. 아들에게 공부하라고 하거나 책 봐야 한다고 하거나 강연회 가서 배워야 한다고 말로 가르치고 싶지 않았다. 아들은 보고 배운다. 듣고 배운다. 그래서 말한다. 유치원 생활을 물어도 "몰라."라고 대답하는 아들에게 차라리 나의 생활을 이야기한다. 때로는 뻥을 과하게 치기도 하면서 말이다. 강연회를 들으면서 지겨워서 친구와 메시지를 주고받거나 인터넷 쇼핑몰을 뒤적거렸다고 이야기할 수는 없으니까 말이다.

"엄마, 오늘은 뭐 배우러 가요?"

"응. 요새는 하브루타(유대인의 전통적 교육법)를 배우고 있거든. 엄청 재미있어."

하브루타가 무엇인지 궁금해하지 않으면 설명하거나 가르치지 않는다. 그냥 내 느낌이 어떤지 알려 줬다.

"엄마가 새로운 걸 공부하니까 새로운 머리가 생기는 것 같아 기분이 참 좋더라. 그리고 엄마가 점점 똑똑해지는 기분이 들어. 다른 사람보다 더 열심히 해서 더 잘하고 싶은 욕심도 들더라. 모르는 걸 아는 기분이 참 좋아. 그래서 행복해."

아이의 성장을 위해서 엄마 먼저 성장한다

내 말을 귀로 듣는지 코로 듣는지 모르겠지만 이 기분이 아들에게도 전해지길 기도했다. 아들도 새로운 걸 공부하니 새로운 머리가 생기는 것 같은 기분이 들길 바라고, 점점 똑똑해지는 기분을 느껴 봤으면 하고, 남보다 더 열심히 해서 잘하고 싶은 욕심이 생기면 좋겠다.

무엇보다 모르는 것을 알아 가는 행복을 발견하는 삶을 살았으면 좋겠다. 그것이 꼭 입시 공부가 아니라도 좋다. 삶을 현명하게 살아가는 것이 모두 공부니까 말이다.

힘 빼는 육아 *Key Point!*

아이가 없었다면 단언컨대 저는 작가가 되지 못했을 겁니다. 준비 없이 엄마가 되었지만 뭔가 좀 '멋있는 엄마'가 되고 싶었습니다. 처음에는 아이를 멋지게 키우고 싶다는 욕심이 있었지만 그게 쉽지 않다는 걸 금방 알게 되었습니다. 그래서 엄마 먼저 '좀 더 멋진 사람'이 되어야겠다고 다짐했습니다.

어제보다 좀 더 나은 사람이 되기 위해 노력하는 사람이 멋지다고 생각합니다. 그래서 저는 오늘도 이렇게 글을 씁니다. '난 못해.'라는 생각을 버리고 그냥 한 번 해 보자는 생각으로 도전합니다. 왜냐면 제 아들이 그런 삶을 살길 진심으로 바라기 때문입니다.

엄마가 아닌 나로서 존재 가치를 찾으세요

친구들보다 결혼과 출산이 현저히 빨랐던 나였다. 스물여덟 살에 결혼하고 허니문 베이비로 스물아홉 살에 출산했다. 친구들 중에서는 내가 제일 빨리 결혼하고 내가 제일 빨리 출산한 것 같다. 그래서였는지 결혼식에도 사람이 많았고 출산 후에도 호기심 가득한 눈으로 우리 집으로 온 친구들이 꽤 많았다.

그런데 출산 선물은 아이 내복이나 옷, 기저귀, 모빌 등 죄다 아이 용품이었다. 엄마인 내 것은 하나도 없었다. 아이의 탄생을 축하하기 위해서였으니까 당연하다고 생각했을 것이다.

그런데 도대체 왜 그래야 하는 걸까? 아이도 태어나려고 고생했지만 출산에서 가장 고생한 사람은 엄마인데 말이다.

자연주의 엄마의 소신

첫 아이인데도 나는 병원을 선택하지 않았고 전통적 방식으로 아이를 출산했다. 태교하면서 자연주의에 심취했는데 아이의 심리와 건강을 위해 자연적인 방법으로 출산해야겠다고 마음먹었고 조리원을 찾았다. 무통 분만도 없고 회음부 절개도 없고 촉진제도 없고 제모도 관장도 없이 진통제 하나 없는 생짜배기 출산이었다. 둘째 아이도 아니고 노산도 아닌 내가 그런 결정을 내려서 모두를 놀라게(사실 아주 불안하게) 만들었지만 조산원에서 출산한 일은 나에게도 아들에게도 최고의 순간이었다.

아이는 태어나서 탯줄이 연결된 채로 내 배 위로 올려졌는데 아빠의 목소리를 듣자 이내 울음을 뚝 멈췄다. 아무도 시키지 않았지만 물컹거리는 내 배 위에서 45도 위에 있는 부풀어 있는 내 젖가슴으로 꽤 빠른 속도로 기어 올라와 젖꼭지를 입에 물었다. 그렇게 20~30분 동안 세상의 빛을 본 녀석은 여전히 나와 탯줄로 연결돼 있었다. 평안한 시간이었다.

후처리를 하고도 나는 이내 방바닥에 방석 없이 바로 앉아 미역국 한 대접과 밥을 들이켰다. 배둘레햄과 몸무게 말고는 달리 회복할 것도 없었다. 이렇게 쓰고 보니 애 낳다가 죽을 뻔한 게 아니잖아 하고 이야기할지도 모르겠다(아이를 낳아 봤다면 서로 그러시면 안 됩니다).

정말 죽다가 살아났다. 조산원이 아니라 병원이었다면 당장 수술해 달라고 의사, 간호사를 다 잡고 울고불고 난리를 쳤을 거다. 물론 조산원에서도 울고불고 난리를 쳤지만 조산원 원장님은 당연히 전혀 미동도 하지 않았고 말없이 잠깐씩 사라져 주셨다.

그렇게 죽을 고생 하고 아이를 낳았는데 친구들은 하나같이 아이 선물만 사 가지고 왔다. 내 립스틱도 없고 스카프도 화장품도 없다. 애 있다고 화장 안 하고 립스틱 안 바르고 스카프 안 하나? 그런데 왜 내 것은 아무것도 없냐고!

처음에는 당연했지만 시간이 지나면서 너무 열이 났다. 나도 립스틱이 현실성 떨어지는 선물이라는 거 알아. 그렇다고 뭐 아줌마는 현실성 있게 라텍스 고무장갑이랑 먼지 잘 떨리는 매트나 청소기를 선물로 받아야 하는 거야?

이기주의자 엄마의 자기애

나는 엄마지만 엄마이기 이전에 나다. 나란 여자는 아이가 있어도 나이고, 아이가 없어도 나다. 물론 아줌마의 삶은 스스로 밀어내고 싶어도 밀어낼 수가 없다. 그래도 하이힐을 신고 유모차를 밀고 다니는 파리 여자들이 부럽다. 출산 후 아이 상태만 검사하는 시스템보다 엄마의 자궁 상태를 계속적으로 검사하고 질 상태를 확인하고 출산 후 성관계에 관해 상담해 주는 프랑스 정부의 사람 대하는 태도가 부럽다. 푸석해진 머릿결과 순간 탈모를 의심할 수밖에 없을 정도로 끊임없이 빠져 나오는 내 머리카락의 상황이 지극히 정상이며 이럴 때 섭취해야 할 영양소를 챙겨 주길 바란다.

내 얼굴이 반들거리면 내 마음도 반들거리고 내 머리가 찰랑거리면 내 걸음걸이도 찰랑거릴 수 있다고 생각한다. 나는 엄마로 태어난 것이 아니다. 나의 삶은 100년이 넘도록 지속될 것이고 엄마의 삶은 20~30년이 고작이다. 그렇게 키워 놓으면 내 자식은 내 자식이 아닌 것처럼 살아가게 될 것이다. 아이가 없는 빈자리에서 나의 존재감을 찾고 싶지 않다. 나는 그냥 나다. 그러니까 나를 위한 선물이 필요하다.

힘 빼는 육아 *Key Point!*

엄마라는 이름표를 가진 지 10년이 훌쩍 넘었습니다. 엄마가 되면서부터 내 얼굴보다 아이 얼굴을 더 오래 봅니다. 내 옷보다 아이 옷에 더 신경이 가고 내 신발보다 아이 신발을 먼저 사게 되는 일이 다반사입니다.

그런데 어느 날, 오늘이 가장 아름답고 젊을 때인데, 저의 젊음을 무시하며 살았다는 걸 깨달았습니다. 인생에서 가장 빛날 사람은 나입니다. 더 늙기 전에 해보고 싶은 일이 있다면 오늘이 마지막인 것처럼 한번 용기내 봅시다. 용기는 마음에서 나오는 것이 아니라 행동에서 길러지는 겁니다.

아이와 놀면서도
엄마의 시간을 확보하세요

부른 배를 움켜쥐고 만난 절친이 있다. 벽 하나를 두고 서로의 학년 연구실에서 오후 내내 씨름을 해야 했던 무덥고 무더웠던 그해. 우리는 서로의 이름도 얼굴도 전혀 모르는 사이였지만, 서로의 배가 더 이상 똥배가 아님을 직감한 이후부터는 더 이상 모른 척할 수 없는 끈끈한 사이가 됐다.

그렇게 경희와 나는 부른 배를 움켜쥐고 뒤뚱거리며 백화점으로 산책했고 아메리카노 대신 뽕잎차를 마시며 서로 위로를 나누게 됐다. 이런 것이 전우애인가?

같은 나이에 같은 나이의 아이가 태어날 것이었고 같은 성별이라

우린 더 빨리 친해졌던 것 같다. 웃는 얼굴도 예쁘고 무엇보다 마음이 참 예쁜 친구였다. 우리는 서로를 남편 삼아 아내 삼아 참 즐거운 시간을 보냈다. 흠, 둘 다 완벽한 이성애자다. 하지만 모든 아내는 로망이 있다. 나도 아내가 있었으면 좋겠다. 그 로망을 서로에게 완벽히 채워 준 친구였다.

친구에게는 아들이 두 명 있었고(남편까지 세 명이겠지만) 내 아들과 또래였기 때문에 쉽게 어울릴 수 있었다. 친구가 딸아이가 있었다면 우리 둘이서 그렇게 즐겁게 놀기는 어려웠을 것이라며 서로에게 고맙다고 했다.

날씨가 아주 좋은 어느 날, 우리는 함께 공원으로 산책을 나섰다. 하늘은 파랗고 높았다. 가을 향기는 잠자리 날개가 실어 왔나 보다. 커피를 한 잔 여유롭게 나누면서 순간을 즐겼다. 공원에는 아기 띠를 하고 유모차를 밀며 산책 나온 또래의 여인들도 심심찮게 볼 수 있었다.

"친구, 수고했다. 애 저만큼 키운다고."

엔진 고장으로 바다로 추락하는 비행기처럼 정신없이 돌아다니는 아들들을 보며 친구가 서로를 칭찬했다.

"그래. 진짜 우리 수고했지. 그때는 뭣도 모르고 키웠는데. 다시 하라고 하면 절대 못할 일이다."

"아…… 이제는 손목, 발목, 허리가 아파서라도 그렇게 못 업고 다닌다."

"아…… 저 집은 애가 이제 두 돌쯤 된 거 같은데. 어느 천 년에 키우겠어. 눈물 난다. 진짜."

"기저귀 떼서 행복했던 날이 엊그제 같은데 벌써 초등학생이다. 진짜. 수고했다."

그러나 훈훈한 대화는 길게 지속되지 못했다.

"엄마, 집에 언제 가?"

꼬맹이 세 명은 한걸음에 우리에게 전력 질주했다. 그새 놀이가 시시해진 것 같다. 하긴 공원에서 딱히 할 일도 없고 놀이터도 없으니 지겨울 만도 했다. 하지만 이렇게 일찍 집으로 돌아갈 수는 없었다. 나의 행복 추구 권리에 위배되는 행동이었으니까.

꾀를 냈다.

"아들들, 지금부터 이모가 미션을 주겠다."

"미션요? 좋아요."

"미션 상품 있어요?

"당근 있지?"

"뭔데요?"

"그건 비밀이야. 우선 첫 번째 미션을 발표하겠다. 첫 미션은 콩벌레를 잡아 오시오. 출발."

"우왕~ 두두두두."

아들들은 감쪽같이 사라졌다. 그렇게 우리의 달달한 데이트는 계속될 거라고 생각하던 찰나,

"이모, 콩벌레 찾았어요."

'너무 빠른 거 아니야?'

"잘했네. 그건 연습이었어(진짜 치사하다. 나도 인정한다). 진짜 미션은 그렇게 생긴 콩벌레 열 마리를 찾아오는 거야. 출발."

적을 그렇게 물리쳤다. 아메리카노에는 시럽이 없었지만 참 달콤했다.

"두 번째 미션 발표. 이제는 솔방울이야. 이모가 찾은 솔방울보다 더 높은 솔방울을 찾아야 해. 이것 봐. 솔방울이 1층, 2층, 3층…… 16층이지? 이것보다 더 높은 솔방울을 찾아오면 되는 거야. 출발."

"세 번째 미션 발표. 이제는 나뭇잎이야. 이모가 찾은 이 낙엽보다 더 빨갛고 예쁜 낙엽을 찾으면 되는 거야. 출발."

미션은 성공적이었다.

아이들은 숨은 콩벌레를 찾아 삼만 리를 달렸고 솔방울을 줍느라고 땀이 방울방울 맺혔고 나뭇잎의 빨간색을 비교하면서 채도를 익

혔다. 우리는 아메리카노를 맛있게 마셨고 더 맛있는 수다 타임을 가졌다. 미션은 때로는 글자 찾기, 숫자 찾기를 할 때도 있었다.

상품은 항상 같았다. 미션이 끝나면 모두 함께 문구점으로 향한다. 원하는 장난감을 마음껏 살 수 있다. 엄청난 혜택이다. 다만 한도가 있을 뿐이다. 한도는 더도 말고 덜도 말고 딱 1천 원.

힘 빼는 육아 *Key Point!*

마음을 터놓을 소중한 친구가 있나요? 가끔 봐도 어제 본 것 같고, 밤새 수다를 떨어도 지겹지 않으며, 무슨 이야기를 해도 다 들어주고 손뼉을 치며 응원해 주는 친구. 아이가 태어나고 서로의 가정이 생기면서 자연스레 멀어진 친구가 대부분이겠지만 그래도 친구에게 연락해 보세요. 아이, 남편, 시댁 이야기를 하지 말고 '내 이야기'를 털어놓습니다. 누구에게도 쉽게 말하지 못한 숨겨진 내 마음속 이야기를 말입니다. 주변 사람들의 이야기는 잠시 접어두고 서로에게 오롯이 집중해 봅시다.

대리 육아의 기회를 놓치지 마세요

하나밖에 없는 사랑스런 딸(나)이 시집을 갔고 그 사랑스러운 딸이 하나밖에 없는 손자를 안겨다 주었다. 그런데 이 하나밖에 없는 손자는 눈치가 엄청나게 빨라서 자신의 엄마나 외숙모보다 할머니가 세상에서 제일 예쁘다는 말을 한다. 할머니에게는 가히 역사적인 순간을 선물받은 것이나 다름없었다. 그것도 세상에서 제일 중립적이고 이성적인 사람인 그의 할아버지의 건강 상태가 완전 정상인 순간에 말이다.

유일한 목격자인 할아버지가 뉴스를 보거나 잠자리에서 막 일어났거나 화장실에 계셨다거나 뭐 이런 불안정한 상태가 아니었다. 그

작은 생명은 더 작은 눈망울을 굴리며 할머니에게 똑똑히 말했다.

"할머니가 제일 예뻐."

그러니 이 손자 사랑이 오죽하겠느냔 말이다.

반면에 나는 완전 죄인이었다. 아들의 옷이 얇으면 감기 걸리게 할 셈이냐고 죄인, 옷이 두꺼우면 쪄 죽이겠다고 죄인, 밥을 많이 먹이면 돼지 만든다고 죄인, 간식 안 주면 굶긴다고 죄인, 공부를 안 시켜서 똑똑한 아이 망친다고 죄인, 태권도를 보낸다니 힘든데 더 힘들게 한다고 죄인, 텔레비전을 보여 줘도 죄인, 안 보여 줘도 죄인.

죄인의 기준은 없었다. 그냥 죄인이었다. 그중에 제일 큰 죄목은 감히 자신의 귀한 손자가 모기에 물리도록 방관한 것이었다. 그것이 마치 사형감이라도 될 듯 엄마는 난리를 피웠다.

손자가 모기에 물리는 것이 마치 사나운 개에 물리는 것과 같이 끔찍하게 느껴지는 것 같았다. 그게 아이가 아주 어렸을 때는 이해가 된다. 모기에 감염돼 무슨 큰일이 벌어질지도 모른다고(이것도 엄마에게 교육받았지만 다소 일리는 있는 말이라고 믿고 싶다) 생각했고 말도 못하는 아이가 가려워 찡찡거리는 모습을 보고 있노라면 내 마음도 찢어지는 것 같았다. 그 당시에는 당연히 조심했고 집 안 샅샅이 모기의 행적을 찾고 찾아 박멸하는 데 늘 성공했다.

그런데 세월이 지나고 아이는 어린이집, 유치원, 초등학교로 올라갔는데도 아직도 모기 타령이셨다. 모기에 물리기라도 하면 나는 그날 친정행을 포기해야 할 정도였다. 그게 차라리 속 편했다.

대리 육아의 주요 현장, 친정

그러던 어느 겨울날이었다. 정확히 아들의 방학이 시작하고도 16일이 지난 그날이었다. 아끼고 아끼는 손자가 보고 싶을 때도 됐는데 이번 방학에는 도통 엄마의 연락이 없었다.

'어, 이상하네. 분명 연락이 올 때가 됐는데.'

종종 방학 때마다 일어나는 친정 찬스를 쓸 요량으로 전화를 넣었다.

"엄마. 왜 손자 보고 싶단 말을 안 해? 이번 주 목요일에 데리고 가도 돼?"

"그래라."

언제나 그렇듯 용건만 짧게 간단히 말하고 통화를 끝냈다(엄마랑 통화가 길어지면 이유 없이 꼭 싸우게 되는 징크스가 있다). 약속한 목요일이 되자 아들을 데리고 친정으로 갔다.

"엄마. 이번에는 며칠 봐줄 거야?"

엄마는 단호하고 정확하게 검지 하나만 펴셨다. 이럴 수가 세상이 바뀌고 손자 사랑이 식었나? 도대체 왜?

'겨우 하룻밤? 일주일 내내 봐달라는 것도 아닌데, 겨우 하룻밤?'

고개를 갸웃거리며 나는 직장으로 향했다.

사실 방학은 초등학교 엄마들에게는 정말 악 소리 나오는 기간이다. 아이들과 24시간 밀착 생활을 해야 한다는 생각은 답답함을 넘어 두려움과 공포의 대상이 된다. 제일 큰 이유는 삼시 세 끼 때문이다. 이놈의 새끼를 세 끼나 먹여야 한다는 것은 가히 엄마들에게는 폭력이나 다름없다. 거기다 당연히 간식까지 챙겨 줘야 한다.

과외 수업을 최단 시간으로 단축했다. 쉬는 시간을 없애 버렸고 내가 배우는 모든 오전 수업은 모두 중단 시켰다. 독서 모임도 중단, 오로지 내가 아들 방학에 한 일이라고는 일, 일, 일뿐이었는데 엄마는 겨우 하룻밤 나에게 자유 시간을 허락해 주신다고 하니, 나에게는 한숨이 아니라 눈물이 쏟아질 만한 일이었다.

물론 친정 찬스를 쓸 수조차 없는 경우도 있지만 언제나 그렇듯 비교는 금물이다. 비교하면 끝이 없어지는 것이고 그냥 편하게 내 입장에서만 이야기하고 싶다.

설마 하며 과외 수업을 마치고 집으로 왔다. 아이를 재우지 않아도 된다는 생각에 나는 힘이 넘쳤고 아이 장난감이 없는 쾌적한 거실은 우리 집을 금세 고급 빌라로 바꿔 놓은 듯한 착각에 빠졌다. 그렇게 달콤하기만 한 그날 밤이 지나가고 날이 밝았다. 과외 수업을 하고 있는데 문자가 왔다.

"언제 출발하니?"

엄마의 검지는 진심이었다. 농담이겠지 싶어 전화기를 들었다가 3초 만에 종료 버튼을 눌렀다. 엄마는 정말 진심이었다. 수업이 마치기가 무섭게 그 길로 다시 친정으로 차를 몰았다.

운전하고 있는데 갑자기 서러움이 복받쳐 올랐다. 그렇게 손자가 보고 싶다고 노래를 부를 때는 언제고 하나밖에 없는 딸이 이렇게 사정하는데도 눈 깜짝하지 않는 엄마가 어찌나 미웠는지 서러워서 눈물이 바람에 날리는 벚꽃잎마냥 후드득 떨어졌다. 매년 방학마다 짧게는 사흘 길게는 일주일씩 아이를 봐주셨던 친정 엄마는 세상에 없었다. 사실 유치원 방학보다 곱절이나 긴 초등학교 방학이 제일 끔찍한데 말이다.

얼룩진 눈가를 대충 훔치고 집으로 올라갔다. 친정 집 문을 거칠게 열고 신발장 앞에서 아들을 불렀다. 집 안으로 한 발짝도 들어가고 싶지 않았다. 택배를 받듯 무심하게 아들을 넘겨받으려고 기다리고 선 내 몸에는 냉기가 넘쳐흘렀다. 그때 아들 손에 쥔 큼직한 종이 가방이 눈에 띄었다.

"아들, 이거 뭐야?"

알면서도 물었다.

"아, 이거 할머니가 내 옷 사 주셨어."

유일한 감정의 표출구, 친정엄마

엄마는 패션 센스가 넘치시는 분이었다. 그 때문에 나도 어릴 적부터 패션에 관심이 많아 누구보다 예쁜 옷에 관심이 넘쳤다. 그래서 나도 엄마도 옷장이 언제나 빵빵했고 늘 입을 옷이 없다는 말을 입에 달고 살았다. 그런데 결혼하고 보니 옷 정리와 관리가 안 됐다. 늘 엄마가 관리해 주시다가 내가 직접 해 보니 이건 정말 노동 중의 노동이라 패션을 버리고 실용주의 인간으로 변절해 버리고 말았다.

드라이를 맡겨야 하는 옷은 피한다. 주름이 잘 지는 옷은 피한다. 관리가 필요한 옷은 피한다. 유행에 민감한 옷은 피한다. 너무 비싼 옷은 피한다. 나름의 기준을 가지고 옷을 사고 버리고 사고 버리고를 반복하다 보니 이젠 뭐 몸뚱이만 가리면 되지, 춥지만 않으면, 덥지만 않으면 되지 하는 생각이 들던 찰나였다.

그렇지만 엄마의 패션 사랑은 여전히 식지 않고 손자에게 돌아갔다. 때때마다 예쁜 옷을 사 주고 넘치는 사랑을 주셨다. 그 덕분에 내가 아들 옷값을 굳혔다. 그 무렵 내가 미니멀리즘에 빠지기 전까지만 하더라도 그것에 감사를 표했다.

하지만 나는 미니멀리즘에 푹 빠져 멀쩡한 옷도 하나씩 비워 나가는 중이었다. 아들의 파카는 이미 세 개를 넘어서고 파카 조끼도 세 개, 두꺼운 외투도 두 개였다. 상식적으로 말도 안 되는 수준으로 겨울옷이 있었다. 그런 상황에서 또 겨울 외투를 사 주신다는 것! 그것은 전쟁의 불씨를 당기기에 부족함이 없었다. 아들 손에 들린 큼지막한 쇼핑백을 홱 낚아챘다.

"아들, 엄마 차 문 열어 놨으니까 먼저 타고 있어. 할머니랑 이야기 좀 하고 갈게."

가정 교육을 생각해 내가 할머니와 싸우는 모습을 보여 주고 싶진 않았다. 자, 이제 전쟁 시작이다. 나는 쇼핑백을 일부러 더 큰 소리가 나게 바닥에 팽개쳐 버렸다.

"엄마. 내가 언제 옷 사 달래? 아들 옷 넘친다고. 정리하기 너무 힘들어 내가 이제 옷 그만 사 달라고 했잖아. 필요 없다고! 내가 필요한 게 뭔지 알아? 왜 엄마는 엄마 생각만 해?”

쉬지 않고 말을 다다다닥 뱉어 냈다. 힘들어서 엄마에게 위로받고 싶은 어린 딸의 못난 속내를 그렇게 드러내 보이고야 말았다. 그 순간 나는 딱 중학교 2학년 겨울 방학의 나였다. 엄마는 묵묵히 내 말만 들으시고는 아무 말씀도 하지 않으셨다.

중학교 시절 엄마의 모습은 그렇지 않았는데 이제 엄마도 많이 늙으셨나? 난리 치는 딸을 누를 만큼 엄마가 힘이 없어진 걸까? 글을 쓰면서 새삼 그런 생각이 든다. 아마 그럴지도 모르겠다. 엄마는 덤비는 딸에게 큰소리칠 힘도 없을 만큼 약해져서 손자를 하루 더 챙기는 것이 힘에 부치셨을지도 모른다. 뭐 그날은 눈에 보이는 것도 들리는 것도 없어서 엄마는 포기하신 걸지도 모르지만 말이다.

일방적으로 엄마에게 분노를 쏟아붓고 나서 있는 힘을 다해 중문을 닫고 현관문을 더 있는 힘을 다해 닫았지만 우습게도 실패하고 말았다. 세상이 너무 좋아진 나머지 현관문 끼임 방지 기능이 있어 드라마틱한 소리를 내지는 못했다.

현관문을 큰 소리가 나게닫는 걸 실패한 나는 굳게 닫힌 문 앞에 우두커니 서 있었다. 천장에 달린 센서가 한참을 켜져 있다 다시 꺼졌다. 그 사이 내 머릿속 센서가 작동되었다.

'나는 왜 이렇게 화가 난 거지? 무엇 때문이야? 그래 뭐 옷이 잘못은 아니잖아. 사실 옷 때문에 내가 이렇게 열 받은 게 아니잖아. 할머니가 손자를 평소대로 삼박 사일을 안 봐주고 꼴랑 하룻밤 봐준 거 때문에 열 받은 거잖아. 이건 할머니의 과도한 옷 사랑이 문제가 아니라 내 욕심이 문제였어. 내가 기대했으니 실망이 큰 거지. 이 모든 것은 내 욕심에서 시작된 것이구나.'

삐삐삐삐삐 따라락.

다시 현관문을 열었다. 신발장 앞에는 내가 팽개쳐 놓은 큼지막한 종이 가방이 아무렇게나 누워 있었고 그 사이로 투명 비닐에 한 번 더 잘 포장된 아들의 간절기용 카키색 패딩이 죽은 생선의 내장처럼 비죽 나와 있었다. 종이 가방을 소리 내서 움켜쥐고 다시 문을 닫고 나왔다. 이번에는 문을 살살 닫고 나왔다. 그 사이 내 마음이 가라앉았기 때문이기도 했을 것이다.

그래도 용기가 없었다. 나의 무례함을 용서해 달라고 하기에는 내 얼굴이 그렇게 두껍지 못했다. 굳이 엄마의 잘못을 꼽는다면 딸의 이야기를 들어 볼 생각도, 입장을 이해하려 하지도 않는 엄마의 무심한 태도였다. 놀이터에서, 어린이집에서, 학교에서 물려 온 모기가 나의 무심함과 잘못이라고 생각하는 비이성적 태도가 평소에 거슬렸던 참이었다. 나의 입장을 듣고 이해하기보다는 자신의 입장만 고수하는 엄마의 한결같은 태도가 맘에 들지 않았다.

아이와 엄마의 욕구의 차이

다행히 아들은 출발하자마자 뒷좌석에서 잠이 들어 라디오 소리를 방패 삼아 한결 편하게 눈물을 뚝뚝 흘릴 수 있었다. 엄마도 나처럼 눈물을 뚝뚝 흘리고 있겠지? 엄마의 눈물을 생각하니 미안함이 들었다.

그 순간 이런 깨달음이 있었다. 엄마인 내가 원하는 것이 아들에게는 쓰레기일 수도 있다는 것. 엄마인 내가 하고 싶은 대로 표현하는 사랑을 아들은 사랑이라고 받아들이지 않을 수도 있다는 것. 아들이 원하는 사랑을, 아들이 원하는 것을 주는 사랑이 더 현명하다는 사실.

- 나는 아들이 원하는 대로 사랑을 주었나?
- 나는 내가 원하는 대로 사랑을 주었나?

생각해 보면 처음이었던 것 같다. 모기를 비롯해 숱한 이유로 엄마 앞에서 아들 하나 제대로 못 키우는 죄인이 됐지만 한 번도 제대로 나의 불만을 이야기하지 않았던 것 같다. 익숙하지 않았기에 세련되지 못한 방식으로 엄마의 가슴에 대못을 박았지만 여러모로 서로에게 귀중한 경험이 된 것은 분명했다.

그날 이후 엄마는 모기에 물린 손자를 보고서도 나에게 아무런 말씀을 하지 않으셨다. 엄마는 아직 팔팔하다. 엄마가 돌아가시려면 아직 40년은 족히 남았다고 기대해 본다. 그러니 엄마가 좋을 대로만 살아갈 수는 없는 노릇이다. 엄마는 나를 사랑하신다. 나는 내가 원하는 방식으로 엄마의 사랑을 받길 원한다는 것을 이제라도 조금은 이해하신 것 같다.

'아들, 엄마도 네가 원하는 방식으로 너를 사랑할 수 있는 엄마가 되도록 할게.'

힘 빼는 육아 *Key Point!*

사랑이란 건 주는 사람의 관점이 아니라, 받는 사람의 관점에서 시작하는 게 아닐까요? 그래서 배려와 사랑이 가끔 같은 말처럼 들리기도 하나 봅니다. 사랑한다고 하는데 배려가 없다면 우리는 금방 그것이 진짜 사랑이 아님을 알 수 있는 것처럼 말입니다.

또 부모가 배려하는 것처럼 아이도 부모를 배려해 줘야 진짜 사랑입니다. 말을 해도 못 알아듣는 아들에게 말도 하지 않고 배려와 사랑을 바라는 건 욕심을 넘어선 무지입니다. 내가 받고 싶은 사랑과 배려를 먼저 이야기합시다. 단도직입적으로 짧고 굵게 하고 웃어 봅시다. 그래야 효과가 생깁니다.

아이의 권리,
엄마의 권리를 분리합니다

엄마는 여전히 가족을 너무 사랑하신다.

집에서 식구들이 둘러앉아 밥을 먹을 때 항상 엄마는 뭔가를 하신다. 그래서 항상 한정식집에 온 것 같다. 첫 번째 그릇이 비워질 쯤 두 번째, 세 번째가 들어오고 또 네 번째가 들어온다. 회가 있고 스테이크가 있고 생선구이가 있다. 생선회가 있는데 문어숙회가 나오고 스테이크가 있는데도 돼지 불고기가 올라올 때도 있다. 식탁은 좁아서 반찬이 올라갈 자리가 없다. 여덟 명이 둘러앉아도 넉넉한 넓은 상에도 음식을 다 올릴 자리가 없다. 빈 그릇이 빠지면 새 요리가 올라오는 식이었다.

물론 매일은 아니지만 온 가족이 모일 때면 늘 일어나는 풍경이었다. 엄마 요리 실력은 참 좋다. 엄마 요리 실력이 참 좋아서 웬만한 식당에 가면 부아가 난다.

'아, 내 돈 주고 이런 음식을 먹어야 하는가…….'

엄마의 권리는 어디에 있나

엄마는 그래서 항상 분주하셨다. 식사를 준비하면서도, 밥을 먹으면서도 늘 분주했다. 엉덩이를 땅에 붙이고 한 순갈을 제대로 드시지 않으셨다. 늘 식고 불어난 잡채를 드셨고, 건더기가 없는 찌개를 드셨고, 남은 음식을 처리하는 듯한 느낌의 식사를 하셨다. 늘 엄마에게 같이 와서 밥을 먹자고 했지만 엄마는 한사코 음식 식으면 맛이 없다며 우리의 식사를 재촉하셔서 할 수 없이 우리끼리 먼저 밥을 먹었다. 시간이 지나면서 자연스레 엄마의 그런 대접을 받으며 밥을 먹었다.

엄마는 쉽게 바뀌지 않으셨고, 우리는 어느새 그 편리함을 당연함으로 받아들였다. 그러다 어느 날, 나는 드디어 엄마가 됐다. 밥상을 차려야 하는 숙명의 날은 특별하지 않은 일과가 됐다. 나도 모르게 엄마의 역할을 배웠고 나도 의식하지 못한 채 그렇게 똑같은 일을 반복하고 있었다. 내 가족이 따뜻한 음식을 식기 전에 먹는 것이 당연하다고 생각하고 행동했다.

맘먹고 수제 떡갈비를 만들어 아이에게 주었다. 고기와 야채를 다지고 주무르고 타지 않게 굽고 온갖 정성을 다 들여서 완성한 걸작이었다. 예상보다 떡갈비는 정말(욕 나올 만큼) 힘들었고 더 안타깝게도 많은 재료(식당에서 비싸게 파는 이유가 있었다)가 들어갔다. 맛있어 보이는(떡갈비는 시식할 수가 없기에 맛도 모르는) 떡갈비를 식탁에 올리고 아들을 불렀다.

프라이팬을 정리하고 쓰다 만 재료를 냉장고에 욱여넣고, 고기를 다진 도마와 그릇들을 대충 설거지하고 뒤돌아보니 식탁 정중앙에 있던 떡갈비는 식탁 밑으로 난 구멍으로 모두 빨려 들어가 버리고 난 뒤였다. 까만 쌀이 드문드문 고개를 들고 있던 밥은 그대로였다. 아들은 달짝한 떡갈비만 홀라당 먹고 일어선 것이었다. 내 뒤통수를 후려친 하나밖에 없는 귀한 자식에게 나는 속으로 이렇게 말했다.

'우라질.'

떡갈비는 이미 사라지고 없었다. 내가 그렇게 애써 만든 떡갈비는 한 입도 못 먹어 보고 모두 사라지고 말았다. 부스러기도 하나 없다. 너무 완벽하게 잘 만든 나의 잘못이었다. 망친 게 하나라도 있었으면 내 입으로 들어갔을 텐데……. 좀만 작게 만들어 맛이라도 볼걸, 재료를 좀 넉넉하게 사 올걸 하는 아쉬운 마음이 들면서도 동시에 이 버르장머리 없는 녀석 같으니 하고 눈에서 레이저가 튀어나오는 순간!

아뿔싸! 너는 나를 보고 이것을 배운 거였구나. 이 모든 게 다 나의 잘못이구나. 내가 엄마 집에서 당연하게 했던 것들을 아들은 아무렇지 않게 배운 거였구나. 절대 잊을 수 없는 그날, 수제 떡갈비 덕분에 나는 엄마의 수고가 당연한 일이 아니라는 세상의 이치를 깨달았다.

엄마의 권리 찾기 운동

다음 날 저녁부터 나는 엄마의 권리를 신장하기 위한 운동을 펼쳤다.

저녁밥이 거의 다 됐다고 알려 주는 맛있는 냄새를 맡은 배고픈 아들은 식탁에 자동으로 착석했다.

"엄마, 젓가락을 줘야지 밥을 먹죠."

옳거니 딱 걸렸다. 나는 아들을 향해 몸을 돌리고 이렇게 말했다.

"아들! 기다려! 밥은 이제부터 무조건 엄마가 먼저 먹을 거야."

아들의 표정은 '엥?'이었다.

"이제부터는 엄마가 밥숟갈을 먼저 뜰 때까지 너는 기다려야 해. 왜냐면 그게 어른에 대한 예의야. 나는 어른이고 이 식탁은 엄마가 차린 거니까 말이야. 맛있는 반찬은 너만을 위한 게 아니야. 엄마도 엄마의 몫을 당연히 먹어야 해. 엄마 반찬 넘보지 말아 줘. 그건 자기만 생각하는 무례한 행동이니까."

"응. 알겠어."

말랑거리는 뇌를 탑재한 어린 아들은 곧장 내 말을 이해했다(이 모든 것이 어젯밤 수제 떡갈비 때문이라는 사실은 들키지 않길 바랐다. 그게 나름 지키고 싶은 마지막 자존심이라고나 할까?). 교육하지 않은 배려를 받겠다는 것은 말도 안 되는 발상이다. 나는 내 아들을 교육하고 나아가 세상의 엄마들을 위해 여성 권리 신장이 아니라 엄마 권리 신장 운동을 펼치고 싶다.

종종 친구들의 푸념을 듣는다.

어제 부부 싸움을 했는데 이유가 남편 때문이라고 했다. 남편은 항상 밥을 빨리 먹고 일어선다고 했다. 남편이 밥 먹는 속도가 빠른 거냐고 묻자 그녀는 그렇지는 않다고 했다.

친구는 남편에게 따뜻한 밥을 먹이고 싶어서 허둥지둥 찌개를 식탁에 올리고 아이들을 챙겨 밥 먹으라고 한 뒤, 냉장고에 다시 들어갈 각종 재료들을 대충 정리하고, 아직 프라이팬에 남아 있는 볶음 반찬을 새 반찬통에 후다닥 담아 내일 아침 반찬을 저장하고, 프라이팬이 굳어 설거지가 오래 걸리는 것을 방지하기 위해 팬만 빛의 속도로 설거지하고 그제야 식탁에 앉아 밥을 뜨려고 하면 남편은 이미 식사를 거의 다 마친 상태가 된다고 했다. 아이들의 편식이 걱정돼 골고루 반찬을 챙겨 주며 먹이고 나면, 결국 처량하게 혼자만 식탁에 덩그러니 남겨진다고 했다.

다 식어 빠진 밥과 잔반(매일 저녁 수제 떡갈비 사건이 일어나느냐고 묻고 싶었지만 더 이상 묻진 않았다)으로 밥을 때우게 되는 그녀가 머릿속으로 상세히 그려졌다.

친구는 남편이 자기를 좀 기다려 주길 바란다고 했다. 그리고 밥을 함께 먹고 남편이 그릇을 정리하고 설거지해 주길 바란다고 했다. 그런데 그건 사실 말이 안 된다. 남편이 아내를 기다리고 있으면 분명 아내는 이렇게 말한다.

"식기 전에 어서 먹어요."

식기 전에 먹으라고 한 아내의 교육으로 남편은 곧장 와서 밥을 맛있게 먹었을 테다. 세상의 많은 아내(아직 가족을 너무 사랑하는 단계)가 화날 때가 그때다. 국이랑 밥이 다 식어 빠지고 있는데도, 자기 할 일 다 하고 어슬렁거리면서 와서 식탁에 앉는 남편의 태도! 처음에는 그것이 문제였지만 다음에는 식기 전에 먼저 혼자서 밥을 먹는 남편이 문제였다.

친구에게 이야기했다.

"식탁을 차리면서 수저를 먼저 놓지 마. 그리고 남은 재료를 요리 중간중간 정리하든지, 그게 습관이 안 되면 밥 다 먹고 재료를 그때 넣어. 재료가 상하는 게 우선이야? 아니면 네가 행복한 게 우선이야? 둘 중에 네가 선택해야 하는 문제야. 남편은 절대 바뀌지 않아. 좀 더 똑똑한 네가 바뀌어야 해."

그렇다. 난 그렇게 살지 않겠다고 마음먹었다. 누가 제일 수고했는데? 내가 뭐 만들지 정하고 재료 사고 손질하고 요리했다. 그 모든 것을 힘들게 하고 난 나는 갈치조림 살 한 점 먹지 못하고 양념에 으깨진 찌꺼기와 밥을 비벼 먹어야 하는 짓은 하지 않겠다. 다 식어 빠진 찌개는 짜기만 하고 후……. 시달린 내 몸뚱이가 밥상에 앉아 식은 밥 먹고 있으면 이게 밥인지 돌인지……. 그러니 세상에 모든 사람이 남이 한 밥은 무조건 맛있다고 하는 거다. 나도 앉아서 따뜻한 밥 받아서 먹고 싶다. 그리고 그럴 자격은 충분하다.

나 : 엄마, 이제 와서 좀 앉아. 그리고 아빠, 동생, 숟가락 내려. 엄마 오고 나서 밥 먹자.

동생 : 30년 동안 그렇게 말해도 엄마가 안 듣자나.

나 : 그러니까 우리가 좀만 더 기다리자.

엄마 : 다 식는다. 나 괜찮아. 어서 먹어!

나 : (꽥) 엄마!!!!!!!!

엄마 : 알았어. 알았어. 먹자 먹자.

아이와 엄마의 권리 분리하기

누군가가 소리치는 일이 필요한 순간, 그건 결국 나를 위한 순간이 된다. 이 순간들이 모여야 국회의원 과반수가 여성이 되지 않을까? 그건 정말 당연한 일이니까!

모처럼 엄마와 같은 시간에 밥숟갈을 뜬 그날이었다. 같이 시작해도 엄마와 나는 서로의 자식들에게 가시를 빼어 하얀 생선 살을 밥그릇에 올려 준다고 늦게까지 밥상에 앉아 있었다. 아들은 큼직

한 생선 살을 호로록 여러 번 받아먹더니 결국 밥을 남기고 말았다.

"이거 느그 아들이 먹던 거다. 니가 먹고 치워라."

"엄마. 싫어. 나도 충분히 많이 먹었어."

"버리기 아깝잖아. 니가 먹고 치워라."

"엄마. 뭐가 아까워. 그거 한 입 먹고 내가 살찌면 그거 빼는 돈이 더 아까워."

엄마는 소중하다. 아들이 먹다 남긴 밥을 먹다 보면 나는 평생 그렇게 살아야 할 것 같다. 아들은 결국 남이다. 엄마가 엄마 아들을 그렇게 사랑해 줬어도 엄마 집에 냉장고도 세탁기도 자동차도 내가 바꿔 줬다. 알뜰히 챙기는 건 딸이지 절대 아들이 아니다. 물론 딸은 다 도둑년이라 했고 나도 세탁기와 냉장고 값만큼이나 도둑질했다는 것은 이 글을 쓰면서 깨닫는다. 생색낼 일은 아닌데. 암튼 남자들은 절대 안 먹는 잔반을 아깝다는 이유로 내가 먹지는 않을 것이다.

나를 먼저 사랑해야 한다. 그래야 자식들에게도 존중받는다. 스스로를 존중하지 않는 지나친 배려와 사랑은 결국 그래도 될 만한 사람으로 낙인찍는 독으로 돌아온다. 나는 그런 삶을 거부한다. 나의 엄마도, 나의 친구도, 나의 당신도 더 이상 그렇게 살지 않기를 희망해 본다. 세상에 당연한 것은 없다.

힘 빼는 육아 *Key Point!*

저는 닭 다리를 좋아하는데 한 번, 두 번 아들에게 양보했더니 이 녀석은 제가 닭 다리를 싫어한다고 생각합니다. 그래서 이건 아닐세! 라고 다짐을 하고 제 권리를 찾기 시작했습니다. 물론 그 끝에는 콤보(닭 다리가 많은 메뉴) 주문이 기다리고 있었지만 말입니다. 남이 먹다 남긴 음식보다 내가 좋아하는 음식을 먹고 만족하는 모습을 아이에게 보여줍시다. 그래야 아이도 엄마를 소중히 여기고 더 사랑해 주는 것 같습니다.

엄마의 감정을 아이에게 물들이지 않습니다

아무리 도가 텄다고 해도(친구들 말에 따르면) 아이(그것도 아들)를 키우면서 왜 화가 안 나겠는가? 분통이 터지고 열이 받고 짜증이 막 올라오는 순간이 없다는 건 말이 안 된다. 그런 날이면 심호흡을 크게 한다. 폭발하기 전에 10초만 참아 보려고 한다. 그 순간만 참으면 또 평화가 오기도 한다.

그렇지만, 그런데, 그런데도(벌게지는 나의 감정선을 놓지 않길 바란다) 그게 쌓여서 터지기 일보 직전인 순간이 있다. 한 번 고상하게 이야기하고, 두 번 억누르며 신호를 줘도, 세 번째 어금니 깨물고 파이어를 외치기 직전까지 이성의 끈을 놓지 않으려고 해도 도통 안 먹히는(말을 쳐 듣지 않는) 그런 날이 있다.

그래서 분석에 들어갔다. 도대체 잘 나가다가 삼천포로 빠지는 이런 날의 공통점은 무엇일까? 정답은 체력이었다. 분명 아들도 유독 피곤하고 지치는 날이 있다. 나의 피곤함과 그 녀석의 피곤함이 만나는 날이 딱 그런 날이다. 어떤 논리도 요리조리 다 피해 가고 이성의 끈을 놓게 되는 날이다.

그랬다. 아들이 아무리 체력이 좋아도 인간이고 사람인데 어찌 피곤하지 않을 수가 있겠나. 아들도 피곤하다. 아들은 매일 한 주먹씩 학교 모래를 훔쳐 온다. 아무도 몰래, 정작 본인도 모르게 모래를 가득 신발에 담아 집으로 온다. 그렇게 밀수를 열심히 하니 피곤할 수밖에 없다.

나는 나대로 신경이 예민하고 일이 많다. 체력은 저질이고 아이 낳고 바로 갑상선저하증이 와서 평생 약을 먹어야 하는 환자 신세다. 쉽게 피곤을 느끼고 추위를 많이 타고 이성과 감정의 줄다리기를 못하는, 그런 불완전한 사람인데…….

그 피곤함이 서로 만나는 날 항상 대형 참사는 벌어졌다. 물론 그 피해는 고스란히 아들이 떠안는 것처럼 보이지만 나도 속이 쓰리고 가슴이 미어질 정도까진 아니지만 좀 죄스러운 맘이 들긴 한다.

피곤할 때는 어떻게 하는 게 좋을까?

고민하면서 휴대용 거울을 하나 장만했다. 이어폰도 하나 샀다. 내 마음을 들여다볼 거울이 필요했고 내면의 소리를 들을 수 있는 것이 필요했다. 화장이 잘 먹었나, 립스틱을 다시 칠해야 하나, 이 사이에 끼인 고춧가루는 없나 살펴보느라 거울을 보면서도 정작 내 마음은 제대로 들여다본 적이 없었다. 내면의 소리를 들을 시간에는 항상 유튜브 강의를 듣고 오디오 북을 듣거나 음악만 듣고 다녔다. 그 또한 내 잘못이었다. 엄마가 피곤해서 자신의 상태를 나도 모른 채 날카로운 칼로 아들을 회 쳤다. 아들에게 미안했다.

그래도 내 캐릭터를 벗어나고 싶은 마음은 없다. 지친 하루의 끝. 집으로 돌아오면서 나의 급격한 체력 저하와 멜랑콜리한 기분과 뭔지 모를 압박감에 내가 긴장 상태라는 것을 눈치챘다. 집으로 가면 분명 아들에게 한 소리를 해서 생채기를 낼 수밖에 없는 상태라고 판단했다. 집으로 들어서자마자 나는 이렇게 말했다.

"아들, 엄마가 바깥일로 지금 매우 속상하고 힘이 들어. 지금은 엄마가 잠시 쉬어야겠어. 필요한 게 있어도 혼자서 좀 해 줘. 아들 때문에 그런 게 아니니까 걱정해야 할 일은 없어."

그날 나는 그대로 방문을 닫고 침대로 가서 지친 허리를 쭉 폈다.

저녁을 먹여야 하는 시간이지만 나의 의무를 잠시 내려놓았다. 이런 날도 있어야지 않겠는가? 회사에도 연차, 월차도 있고 외출도 있고 반차도 있고 뭐 그렇지 않은가? 엄마도 반차 쓸 수 있지. 나부터 살고 보자. 그래야 아들도 키우지.

그렇게 침대에 누워 가요를 듣는다. 클래식을 들을 때도 있고 재즈를 들을 때도 있다. 그래, 나부터 살고 보자. 그렇게 겨울잠 자는 곰처럼 몸을 웅크리고 있으면 어느새 다리가 펴지고 허리가 펴진다. 웅크렸던 마음도 조금씩 펴진다. 눈물이 나는 날도 있고 욕이 나오는 순간도 있지만 그러다 보면 웅크린 몸이 스르르 얼음이 녹듯이 녹아내리고는 한다.

화가 날 때, 아이에게 설명하기

피곤한 날이 아니라 아들의 행동으로 열이 받는 날도 있다. 그럴 때는 이렇게 이야기한다.

"아들, 엄마가 지금 너 때문에 몹시 화가 나. 그런데 너한테 소리 지르거나 화내기가 싫거든. 그래서 엄마 잠시 쉬어야겠어. 방해하지 않았으면 좋겠어."

심호흡으로도 마음이 진정되지 않는 날에는
안방 침대, 유일한 아지트에서 방해받지 않는 순간을 즐긴다.

그러고는 그 상황을 내려놓는다. 화낸다고, 잔소리한다고, 소리 지른다고, 아이를 때린다고 문제가 없어지고 행동이 교정되는 것이 아니다. 전문가들이 매일 하는 소리가 아니던가? 심호흡으로도 마음이 진정되지 않는 날에는 안방 침대, 유일한 아지트에서 방해받지 않는 순간을 즐긴다.

그러던 어느 날이었다. 아들이 이렇게 이야기했다.

"엄마, 오늘은 내가 기분이 너무 나빠서 잠시 쉬어야겠어. 방해하지 않았으면 좋겠어."

찬바람이 시작되던 그날, 늦가을 바람이 아들에게 불고 있음을 직감했다.

"그래, 알았어. 얼마나 걸릴 것 같아?"

"모르겠어. 한 10분?"

"알겠어."

아이가 제 방에서 혼자 언 마음을 푸는 동안 나는 조용히 기다려주었다. 아들이 방에서 나올 것 같은 시간에 맞춰(10분이라고 했지만 항상 더 짧았다. 짧으면 4분, 길면 7분 정도. 참 쉬운 인생이다.) 주방에서 라면을 끓였다.

라면 냄새를 맡고 나오는 아들은 참 행복해 보였다.

힘 빼는 육아 *Key Point!*

어제저녁엔 아들이 갑자기 이렇게 이야기했습니다.

"엄마 피곤해서 그런 거야? 아니면 내가 뭘 잘못해서 그런 거야? 이럴 땐 내가 어떻게 해야 할지 몰라서 심장이 빨리 뛰어."

"아 그래? 미안해. 엄마가 좀 피곤한가 봐."

"그래? 그럼 좀 쉬어. 내가 불 꺼줄게."

우울해 보였던 녀석의 얼굴에 그늘이 싹 사라집니다. 혹시나 자기 때문에 엄마가 힘들어 하는 게 아닌가 조마조마하다가 그게 아니란 말에 금세 어른스러움을 보이곤 방문을 나서더군요. 눈치만 보는 게 아니라 당당히 자신의 감정을 이야기해 준 녀석이 참 고마웠습니다.

남과 비교하지 않는 삶이 행복합니다

아이가 세상에 태어났다. 감사와 기쁨의 순간은 아이가 내 품에 들어오고 집으로 돌아가기 전 딱 그때뿐이다. 아이와 함께 집으로 온 순간, 우리나라 엄마들은 다 똑같은 일을 시작한다. 엄마들의 카페 가입. 그리고는 매 순간 검색.

태어날 때부터 은연중에, 아니 대놓고 비교가 들어간다. 우리 아이의 키와 몸무게, 머리둘레, 다리 길이가 어쩌고저쩌고(어쩌란 말이냐), 좀 늦게 걸어도 걱정, 말을 좀 늦게 해도 걱정, 잠을 안 자면 걱정, 많이 자도 걱정, 입이 짧으면 걱정, 많이 먹어도 걱정. 걱정이 되니 카페에 글을 올리고 남들이 올린 글을 보고 비교하며 안도하고 한숨짓고 울었다가 웃는다.

초보 엄마라 아무것도 모르고 아이가 너무 어리기에 작은 일에도 안전을 위해 걱정할 수 있다고 치더라도 남의 집 아이가 우유를 한 번에 얼마를 먹는 게 무슨 비교 대상이라는 것인가?

"우리 아이가 얼마나 많이 먹는지 한 번에 250밀리리터를 먹어요. 무슨 문제가 있는 건 아니겠지요?"

이런 글이 올라오면 댓글에 "우리 아이는 280밀리리터도 먹었어요. 걱정 마세요."라는 댓글이 달리고 또 다른 엄마는 "우리 아이는 200밀리리터도 채 못 먹는데 걱정이네요." 이런 댓글이 달린다. 하…… 똥 싼 기저귀 무게는 안 올라오는 거 같아서(똥 싼 기저귀의 내용물은 혐오 주의라는 소제목과 함께 흔하게 올라오는데 생각보다 많은 조회 수를 기록한다. 다행히 사진이 곧 삭제되며 마무리되긴 하지만.) 그나마 다행이라고 생각해야 할까?

나도 10년 전 그렇게 산 적이 있었다. 아이가 잘 때면 나도 자야 했는데 너무 걱정이 많아서 컴퓨터 앞에만 붙어 살았다. 처음에는 그게 다 살아 있는 정보였고 삶의 원천, 기쁨이었다. 남보다 나아 보이면 행복했고 반대이면 모든 게 화가 났다. 나 스스로를 우울함의 늪으로 몰고 갔다.

그러길 몇 달, 눈 밑 다크서클이 무릎을 지나, 발바닥 뒤꿈치의

갈라진 틈 속에서 숨바꼭질하고 있을 때, 문득 이런 생각이 들었다.

'이거 때문에 내 삶이 더 불행해지고 있군. 남의 애가 무슨 상관이야. 아이는 웃고 있고 나는 잠이 필요하구나. 아이가 불편하면 울겠지. 그리고 엄마인 나도 직감적으로 알아차리겠지. 나의 예민함을 믿자. 쓸데없이 모니터 앞에서 예민함을 키우진 말자.'

그렇게 인터넷 카페를 끊었다.

아이를 다른 아이와 비교하지 않는다

그러다 보니 아이 건강 검진도 한두 번 빼먹기 시작했다. 아이가 발달해 가는 과정을 검사하고 체크하는 과정인데 가만히 살펴보니 아이가 커 갈수록 우리에게(나에게) 그다지 도움이 되거나 필요하다고 생각할 수가 없었다.

문진표에 나오는 질문들은 의례적인 질문이었고 그 개월 수보다 조금 빠르다고 좋을 것도, 조금 느리다고 걱정할 이유도 없었다. 아이들은 아이들의 생체 리듬이 있으니 나는 그것을 존중해야겠다고 생각했다.

머리둘레가 커서 걱정, 키가 평균보다 작아서 걱정, 몸무게가 작아서 걱정, 그런 걱정으로 몇 퍼센트라는 숫자의 힘 앞에 쉽게 굴복당하는 내 자신의 평안을 위한 배려였을지도 모른다. 적당한 귀차니즘과 내 맘의 평안을 찾기 위해 국가의 사업을 조금 무시해 버리고 말았다.

그러니 어찌나 마음이 편한지 속이 다 후련했다. 게다가 누구 하나 내가 그 검진을 빠뜨렸다고 혼내거나 벌주는 사람도 없었다. 나는 대신 내 시간을 보장받았고 쓸데없는 걱정에서 탈출하게 하는 상을 스스로에게 주었다.

좀 더 나이가 들면 아이들이 먹는 것, 입는 것, 보는 것, 배우는 것을 비교하기 시작한다. 한글 공부는 어떻게 하고 교구는 무엇을 쓰고, 유기농을 먹이고, 영어 공부를 위해 무엇을 보여 주고, 예체능은 어떻게 하고, 놀이 수업은 어디가 좋고, 문화 센터는 어떻고. 그 모든 것들에 비교가 들어간다. 하나라도 비교를 안 하고 넘어가는 것이 없다.

삶은 점점 피곤해졌다. 아이의 교육을 위해 아무것도 하지 않는 내가 게으른 사람이 된 것 같았다. 물론 스스로는 나름의 분명한 철학이 있었다. 아이들은 아이들처럼 키워야 한다는 생각. 경험의 중요성을 무시하진 않지만 너무 과한 경험의 자극은 나중에 적당한 시기의 배움을 도리어 방해할 수도 있다는 생각. "나 그거 다 해 봤어. 별거 없던데. 재미없었어."라는 대답을 오히려 하게 될 수 있다는 것을 알고 있었다.

문화센터의 몇 십 분 수업을 위해서 내가 화장하고 옷 차려입고 운전하고 싶지 않았다. 문화센터에 민낯에 홈 웨어를 입고 갈 순 없었으니까. 그렇게 가면 엄마들은 나를 불쌍히 여기지 않고 아이를 불쌍히 여기는 것 같다. 저런 엄마한테는 격조 높은 사랑을 받지 못하는 불쌍한 아이가 돼 버리는 느낌이랄까?

나만 고생하는 게 아니다. 아이도 불편하지만 남의 눈에 그럴싸한 브랜드가 박혀 있는 예쁜 외출복으로 갈아입어야 해서 고생이다. 게다가 그 예쁜 옷에 뭐라도 흘리면 또 나는 속에서 천불이 난다. '아놔 저거 비싼 옷인데…….' 이러고 말이다.

그렇게 실랑이해서 카시트에 앉히면 아이는 피곤하고 엔진 힘으로 적당히 흔들거리는 바운서 효과를 내는 자동차를 타서 또 금방 잠에 빠진다. 도착해도 여전히 쿨쿨 잠을 잔다. 수업료를 길에다 버릴 수 없어서, 내가 한 고생을 보상받고 싶어서, 이대로는 집으로 돌아갈 수 없기에 아이를 깨운다. 아무리 부드럽게 조심히 깨워도 아이는 운다. 2차 천불이 난다.

간식으로 달래서 겨우 시간 맞춰 교실로 데려오면 아이는 비싼 교구에는 관심도 없고 선생님의 말도 무시한 채 정말 쓸데없는 박스에나 관심을 보인다. 박스! 그게 뭐라고 재활용품 분리수거 날이면 산처럼 쌓이는 그 박스에 관심을 빼앗겨 버리느냔 말이다. 3차 천불이 난다.

남의 아이들은 뭔가 열심히 하고 있는데 내 아이만 이게 뭔가. 하늘이 무너지는 것 같다. 집에 가서 뭐라도 좀 더 시켜야 하나? 집으로 선생님을 불러야 하나? 또 괜한 걱정이 생긴다. 그러면서 집 현관문 앞에 붙은 학습지 전단지를 버리지 않거나 마트에서 주는 학습지 샘플을 받아 온다. 살짝 고민해 본다.

'혹시 알아, 얘가 진짜 천재인지? 한번 해 볼까나? 에휴, 말도 안 돼. 천재가 학습지 했다는 말 들어 본 적 있어? 없잖아. 진짜 천재는 발견되는 거지 훈련되는 게 아니야. 게다가 얘는 아직 동물이야. 먹고 싸고 자는 동물!'

모두와 연락하지 않아야 할 때도 있다

그래서 나는 모든 것을 끊었다. 아들 또래 친구들의 엄마들과의 만남이나 대화가 내 삶을 행복하게 하지 못한다고 생각하고 결단했다. 아이의 친구는 아이의 친구이지 내 친구가 아니었다. 나는 남의 자식과 내 자식을 머리부터 발끝까지 비교하면서 나와 아들을 괴롭히고 싶은 마음이 추호도 없었다. 특별히 그런 것을 좋아하고 새로운 정보라는 것을 가지고 오는 엄마들을 피하기 시작했다. 나만의 인간관계를 다시 만들어야 했다.

그러던 중 도서관 독서 모임을 알게 됐다. 우리는 책을 통해 삶을 나누었다. 비교도 없었고 마음의 불편함도 없었다. 그도 그럴 것이 구성원의 대부분은 나이가 어느 정도 있어서 이미 아이들이 적어도 고등학생 이상 대학생, 직장인이었기 때문이었다.

그런 사람들에게 질문했다. 시작되지도 않은 아이 사춘기에 관해 물었고 먼 나라 얘기 같은 갱년기에 관한 얘기를 들었다. 20년이나 남아 있는 아이의 취업에 대한 이야기를 나누었다. 현재 젊은이들의 삶을 텔레비전 화면에 나오는 뉴스가 아니라 진짜 삶 이야기를 통해 적나라하게, 좋은 말로 투명하게 알게 됐다.

나는 그 사람들에게 비교 대상이 아니라 철없는 막냇동생뻘이었기에 더 자세하고 투명하게 진실된 이야기를 들을 수 있었다. 그 덕분에 오히려 더 굳건한 교육 철학을 만들 수 있었다.

아이 또래의 부모들은 부모 교육을 하면서 알게 된 하브루타 수업을 통해 만났다. 우리는 그림책을 읽고 서로의 생각을 나누었다. 서로 아이에 관해 자연스레 이야기가 흘렀지만 비교는 없었다. 선한 경쟁심은 물론 존재했지만 아이의 이야기보다는 나라는, '엄마'가 아니라 나라는 '사람'의 이야기를 더 많이 했다. 서로의 생각을 묻고 자신의 생각을 이야기하고 속내를 무심하게 툭 꺼내 보였다. 자식이라는 토크 주제는 테이블에 올라오지 않았고 나는 '엄마로부터의 해방감'을 느꼈다.

아이의 삶을 내가 가진 자로 재면 둘 다 불행하다. 남의 아이와 비교하는 힘을 나는 나에게 쏟기로 결심했다. 비교해서 좀 잘하고 좀 잘나 봤자 그래 봤자 동네고 그래 봤자 한국이다. 한국이라는 우물에서 벗어날 수 있는 개구리가 돼야 한다.

내 삶의 주인공은 아들이 아니었다. 아이는 내 삶을 바꿀 수 없다. 그 녀석은 단지 활약성이 높은 카메오 정도에만 머물러 주길 바란다. 아이를 다 키운 언니들이 하나같이 나에게 한목소리로 얘기해 주었다.

"다 부질없더라."

힘 빼는 육아 *Key Point!*

아이에게 올인하는 엄마가 행복할 확률은 얼마나 될까요? 우산장수와 짚신장수 어머니 이야기가 생각납니다. 비가 와도 날이 맑아도 매일 걱정뿐이었잖아요. 아이에게만 집중하는 엄마는 이 불쌍한 어머니의 삶과 별반 다르지 않습니다. 비가 오나 날이 맑으나 감사했더라면 자식들은 오히려 부자가 되었을지도 모를 텐데 말입니다. 아이에게 에너지를 모두 쏟지 말고 엄마에게 씁시다. 엄마의 에너지가 많아지면 아이도 저절로 힘이 납니다.

엄마와 아이 삶의 균형을 맞추세요

내 삶에서 아들을 빼놓을 순 없다. 하지만 엄마란 나의 이름은 한 여름에 잠시 입는 민소매 원피스라고 생각하기로 했다.

100세 시대를 살면서 인생의 나이를 계절과 비교해 보았다. 한 살에서 스물다섯 살까지를 봄, 스물여섯 살에서 쉰 살까지는 여름, 쉰한 살에서 일흔다섯 살까지는 가을, 일흔여섯 살에서 일백 살까지는 겨울이라고 치자. 나는 지금 어느 계절을 맞이하고 있는가? 스물여덟에 시작해서 20여 년 동안 즉, 내 나이 쉰 살 즈음에 마치게 되는 엄마의 삶은 사계절 중 고작 한 계절일 뿐이다.

사실 아이가 고등학생이 되면 엄마의 역할은 용돈을 주는 것 말고는 크게 영향을 미치지 못할 것 같다. 그렇다. 엄마의 이름은 나에게 한여름에만 입을 수 있는 민소매 원피스일 뿐인 것이다. 그러니 나는 나의 가을과 겨울을 준비해야 한다. 나를 돌봐야 한다.

아들을 위해 시작한 여행에서 나는 잠시 잊고 있었던 내 삶의 귀함을 깨달았다. 나의 욕심이 너의 행복을 가로막을 수도 있다는 깨달음도 얻었다. 무조건적인 희생은 나 자신을 위한 범죄였다. 우리에게 필요한 건 넘치는 나의 모성애나 넘치는 배려가 아니라, 욕심을 잡아 줄 수 있는 적당한 타협이라는 것도 다시 한 번 알게 됐다.

스스로 자라는 아이

아들의 비싼 옷을 더 이상 사지 않기로 했다. 비싼 옷을 가치 있게 입을 수 있는 날까지 기다리기로 했다. 그렇다고 나만 생각하는 이기적인 엄마는 아니다. 평일 저녁 시간은 웬만하면 약속을 잡지 않기로 했다. 아홉 시면 잠자리에 들 준비를 하는 아들의 흐름을 깨고 싶지 않았다. 하루 흐트러져 버린 생체 리듬은 길면 일주일 학교생활을 망칠 수도 있다.

학교 준비물은 내가 챙겨 주지 않는다. 서른 넘은 아들 양말과 속

옷을 챙겨 주고 싶은 마음이 없기에 어릴 적부터 관여하지 않았다. 스스로 할 수 있는 일은 스스로 하는 게 원칙이다. 그래서 아들은 혼나지 않을 만큼 물건을 잘 챙기고 스스로 변호도 잘한다.

장난감을 이유 없이 사 주지 않는다. 장난감이 필요한 이유를 세 가지 이상 대라고 이야기하는 엄마 때문에 발을 굴리며 울기 대신 머리를 굴리며 자신만의 논리를 펼칠 줄 알게 됐다.

오직 아들을 위한 행복은 없애기로 했다. 아들은 신나게 텔레비전을 보며 행복을 찾을 때 나는 집안일을 두고 신나게 책을 읽고 책을 쓴다. 아들의 옷값을 아껴서 내 구두를 산다. 아들은 험하게 옷을 입어 혼나는 일이 사라지고 나는 내 구두를 보며 더 얌전히 걷는다. 아들은 자신의 준비물을 스스로 챙기고 무관심하려 애쓰는 나에게 잔소리 세례를 듣지 않아 좋다. 나는 잔소리를 안 해도 되고 인상을 쓰지 않아도 되기에 우리의 관계는 나빠질 이유가 없다.

평일 저녁 모임에 참여하지 않기로 결정했기에 나는 소위 엄마들의 정보력에 귀를 기울이지 않아도 되고 아이를 잡아야 할 이유도 없다. 비교할 데이터가 없기 때문에 가능한 일이다. 아들은 그 덕에 잔소리를 듣지 않아도 되고 다음 날 늦게 일어나 학교에 지각할 일도 사라지게 됐다.

우리는 아니, 나는 그렇게 내 삶의 균형을 맞추는 시행착오를 겪

내 삶에서 아들을 빼놓을 순 없다.
하지만 엄마란 나의 이름은 한여름에 잠시 입는 민소매 원피스라고 생각하기로 했다.

으면서 나만의 법칙을 만들어 가기 시작했다.

'워라밸', 워크(일)와 라이프(삶)의 밸런스를 맞춰야 한다고 한다. '엄자밸'은 어떨까? 엄마의 삶과 자녀의 삶의 밸런스도 맞춰야 하는 게 아닐까? 이제 나의 엄자밸은 정확히 5 대 5 즉, 인간 대 인간의 삶으로 균형을 맞춰 가고 있는 듯하다.

힘 빼는 육아 *Key Point!*

엄마 껌딱지였던 아이들도 초등학교 4학년이 되면(빠르면 초등 4학년 1학기, 느리면 초등학교 4학년 2학기) 엄마와의 적당한 거리를 원합니다. 제가 수업하는 아이들이 자신의 엄마에겐 대놓고 이야기하진 않지만, 선생님인 저에겐 자신의 속내를 이야기하고는 합니다. 아이와 거리를 유지하는 것도 아이와의 관계를 풍성하게 하는 길입니다.

아이에게 사랑의 표현을 하세요

사랑하는 사람과 영영 이별하는 순간을 어른이 되면서 자주 보게 된다. 이번에는 이모부였다. 편찮으시다는 소식을 듣고 병원으로 향했다. 이모부와 그렇게 친한 사이는 아니었지만 이모는 참 이모다운 분이었고 사촌 언니와 사촌은 내 또래였다.

'아, 내가 벌써 이런 나이가 됐구나.'

며칠 뒤, 반갑지 않은 소식을 듣게 됐고 사촌 언니와 나는 다시 장례식장에서 만나게 됐다. 잃은 자의 슬픔을 어찌 헤아릴 수 있을까? 무슨 위로의 말을 할 수 있을까?

그 자리에서 나는 어떤 이유도 모른 채 어떤 의지도 의도도 가지지 않은 채 목 놓아 울었다.

“야. 누가 보면 네가 이 집 딸인 줄 알겠다.”

언니의 말에도 뭐라고 할 말이 없었다.

“언니 슬프지? 많이 울어. 울어도 괜찮잖아. 뭐가 제일 속상해?”

“다 속상하지. 그런데 큰 게 속상한 게 아니라 작은 것들이 참 가슴에 남네. 평소에 할까 말까 하다가 다음에 하지 뭐, 했던 작은 일들이 너무 후회되고 미안하고 속상해서 미치겠다.”

“아……. 그렇구나.”

아주 어릴 적 친구 집에 놀러갔다가 정말 우연히 친구 아버지의 임종을 함께한 적이 있었다. 초등학교 2학년이었다. 그것이 마지막 순간이라는 것을 우리는 그 순간 미처 알지 못했다. 나와 친구는 정말 열심히 놀고 있었는데 잠이 온다는 친구 아버지의 말에 우리는 안방 문을 닫아드리고 친구 방에서 다시 열심히 놀았다.

시간이 얼마나 흘렀을까? 10분, 20분, 한 시간의 개념도 없던 나이였다. 시간이 얼마나 흘렀을까? 친구 어머니와 우리 엄마가 장을 보고는 친구네 집으로 돌아오셨다. 그러더니 갑자기 친구 엄마의 비명이 들려왔다.

“여보! 여보!! 일어나요.”

외침은 절규로 눈물로 바뀌었다. 그게 마지막이었다. 엄마도 덩달아 눈물을 흘리셨다. 나도 울었다. 겁이 났다. 나는 서둘러 집으로 가자고 했다.

“엄마, 우리 아빠는 살아 있지? 잠 온다고 자는 건 아니겠지?”

집으로 가는 길에 등에선 식은땀이 났고 너무 두려워서 눈물이 났다.

이제는 어느덧 결혼식과 장례식에 갈 기회가 비슷해지고 있다. 친구들의 부모님을 보내 드리는 자리에 갈 기회가 가끔 생긴다. 그러다가 또 먼 친구들의 마지막 인사 소식도 가끔 들려왔다.

마지막이란 것을 누가 준비할 수 있을까?

“이러다가 너 지각이야! 얼른 가.”

“으앙~ 알았다고!”

꽝 문이 닫히고 아이는 시선에서 사라져 버렸다. 그런데 이렇게 아이를 보내는 순간이 마지막이라면? 누가 감히 그 순간이 마지막이 아니라고 장담할 수 있단 말인가? 매 순간 헤어질 때마다 내가 아이와 또는 내 부모와 마지막이 될 수 있다는 사실을 염두에 두기로 했다. 너무 화가 나고 열이 뻗치는 순간이 있더라도 헤어지기 전에 서로 마음을 풀고 오해도 풀고 이해하고 용서하기로 마음먹었다.

그렇게 마음을 먹고 나니 시간에 맞춰 내 마음을 내 스스로가 컨트롤할 수 있게 되었다. 등교 시간이 다 돼 가는데도 화가 나지 않았다. '그럴 수도 있지. 그러고 싶은 날인가 보네.' 엄마가 아무리 내 속을 뒤집어 놓아도 '그럴 수도 있지. 그런 날인가 보네.'

등교하는 아들에게 한마디 건넨다.

"아들 사랑해. 학교 잘 다녀와요."

나는 웃으면서 사랑한다고 전하는 엄마의 모습이 마지막 모습으로 기억되길 바란다. 물론 그 모습이 마지막이 되지 않길 바라는 마음이 더 크지만, 입술을 지그시 누르고 화도 누르고 내 눈에 불도 끄고 거친 호흡도 늘어뜨리고 마음으로 인사한다.

어제는 아들이 등교 인사도 잊은 채로 허둥지둥 가방을 메고 신발을 신고는 현관을 나섰다.

한차례 아침 폭풍이 휩쓸고 간 찰나.

띠띠띠띠띠 디리릭.

엘리베이터 버튼을 누르고 아들은 다시 문을 확 열었다.

'이 녀석 또 뭔가 빠뜨렸나 보구나. 이놈!'

속으로 이렇게 말했지만 그 마음을 들키지 않으려고 최대한 온화한 얼굴로 아들을 쳐다보았다.

"알림장 안 챙겼어?"

"엄마. 사랑해. 잘 다녀오겠습니다."

"응, 그래……."

쾅!

"……. 사랑해, 아들."

사랑한다는 내 뒷말은 엘리베이터의 띵동 소리와 동시에 현관문이 쾅 닫히면서 파묻히고 말았다. 그래도 참 고맙다. 우리는 사랑한다고 말하고 헤어질 수 있기에…….

힘 빼는 육아 *Key Point!*

아이가 생기고 나니 겁이 많아졌습니다. 세상 무서울 것 없던 제가 롤러코스터가 무섭고 번지 점프가 무서웠습니다. 죽으면 어쩌나 싶은 맘이 불쑥 올라왔습니다. 내 목숨이 두 사람의 목숨이 된 순간이었지요. 이별을 이야기하긴 너무 이르지만, 세상엔 늘 적당한 이별만 존재하는 건 아니니 마치 오늘이 마지막인 것처럼 사랑합시다. 지금 이 순간이 마지막일 수도 있다고 생각하면 엄마의 말은 단순해집니다.

"사랑해."

끝마치며

미니멀 육아로 내려놓는 엄마의 무게

어느 날 오후, "아들"이라는 발신자 번호가 뜬다.

"엄마, 나 집에 도착했어요."

"그래. 우리 아들 오늘도 수고 많았네. 그런데 아들…… 오늘 저녁에 엄마랑 센터에서 같이 일하시는 선생님들 우리 집으로 초대해도 될까?"

"응. 그러면 내가 지금부터 집을 치울게. 아! 그리고 내가 집을 다 치우면 엄마한테 전화할게. 그런데 전화벨을 세 번만 울리고 끊을게. 그럼 엄마가 선생님들이랑 올라오면 돼. 나는 다 치우고 샤워하고 있을게."

"아…… 알겠어. 그럼 그렇게 할게. 고마워."

드르르르 드르르르 드르르르.

정확히 진동이 세 번 울리고 전화기는 멈추며 부재중을 알린다. 아들의 말대로다. 이젠 청소가 다 끝났나 보구나. 만만치 않았을 텐데…….

동료 교사들과 함께 엘리베이터에서 내려 현관문을 조심스레 열었다. 분명 우리 집인데 분명 다른 집이 되어 있었다. 바닥엔 레고 한 조각 보이지 않았고 거실 책상 위에는 정말 아무것도 없이 깔끔했으며 아들은 약속대로 샤워 중이었다.

'다음엔 청소기까지 돌려 달라고 해야겠군.'

아들이 성장하면서 내가 더 큰 성장을 하고 있다. 미니멀맘이라고 해서 아이한테 대강대강, 스스로 대강대강, 그렇게 살지는 않았다. 고집부리는 대신 포용하는 법을 알려 주고 소리치는 대신 보여준다. 그렇게 나도 아이도 서로 물 주고 양분 주며 바르게 잘 자라고 있다고 자부한다. 그런 내가 참 사랑스럽고 자랑스럽다.

나를 먼저 사랑하는, 그래서 나 자신이 참 사랑스럽고 자랑스럽게 여기는 사람이 되기를, 그러면서 엄마에게 주어진 일도 잘해 내기를 온 맘을 다해 바라 본다.

그리고 이 책을 읽는 모든 엄마들에게 전하고 싶은 말이 있다. 엄마라고 해서 양쪽 어깨의 중압감을 가지고 육아를 고되게 생각하고, 아이가 잘못되면 언제나 자신의 책임으로만 돌리는 엄마의 무게를 내려놓길 바란다. 엄마와 아이가 편안하고 행복해지는 삶의 시작은 미니멀한 육아 방식에 있음을 잊지 말자.

엄마와 아이가 편안해지는 미니멀 양육법

힘 빼고 육아

인쇄일 2021년 2월 17일
발행일 2021년 2월 25일

지은이 신혜영
펴낸이 유경민 노종한
기획마케팅 1팀 우현권 **2팀** 정세림 금슬기 최지원 현나래
기획편집 1팀 이현정 임지연 **2팀** 김형욱 박익비 **라이프팀** 박지혜
책임편집 박지혜
디자인 남다희 홍진기
펴낸곳 유노라이프
등록번호 제2019-000256호
주소 서울시 마포구 월드컵로20길 5, 4층
전화 02-323-7763 **팩스** 02-323-7764 **이메일** uknowbooks@naver.com

ISBN 979-11-91104-08-0 (13590)

- — 책값은 책 뒤표지에 있습니다.
- — 잘못된 책은 구입하신 곳에서 환불 또는 교환하실 수 있습니다.
- — 유노라이프는 유노북스의 자녀교육, 실용 도서를 출판하는 브랜드입니다.